小小物理学家

孩子眼中物理学的

[德]马丁·瓦根舍因◎著　　秦波◎译

中国纺织出版社有限公司

Original title: Kinder auf dem Wege zur Physik
CopyrightHans Christoph Berg，2020
Simplified Chinese Edition licensed through Flieder-Verlag GmbH,
Germany
著作权合同登记号：图字：01-2022-1935

图书在版编目（CIP）数据

小小物理学家：孩子眼中的物理学／（德）马丁·
瓦根舍因著；秦波译. --北京：中国纺织出版社有限
公司，2022.6
　　ISBN 978-7-5180-9102-7

　　Ⅰ．①小⋯　Ⅱ．①马⋯　②秦⋯　Ⅲ．①物理学—少儿
读物　Ⅳ．①04-49

中国版本图书馆CIP数据核字（2021）第225900号

责任编辑：邢雅鑫　　责任校对：高　涵　　责任印制：储志伟

中国纺织出版社有限公司出版发行
地址：北京市朝阳区百子湾东里A407号楼　　邮政编码：100124
销售电话：010—67004422　传真：010—87155801
http://www.c-textilep.com
中国纺织出版社天猫旗舰店
官方微博 http://weibo.com/2119887771
天津千鹤文化传播有限公司印刷　各地新华书店经销
2022年6月第1版第1次印刷
开本：880×1230　1/32　印张：7.25
字数：139千字　定价：49.80元

凡购本书，如有缺页、倒页、脱页，由本社图书营销中心调换

　　儿童的观察和思考不会轻易被成人的观察和思考取代。与科学家相比,外行人的思考和见解不一定就是一种不好的或错误的思维方式。相反,自然科学知识渊博的成年人,往往会放弃思考、不再对自然现象感到惊讶,不会在没有仪器的情况下进行仔细观察。他们忘记了该如何思考、如何感到惊讶、如何进行仔细观察,取而代之的是他们的一套阐释体系,而这一体系再也不能体现出他们的归纳能力以及观点的创新性,并且常常给不出什么科学性的解释。

　　孩子们在物理之路上进行观察,并用自己的语言和思维方式描述他们观察到的现象,这属于认知发展的过渡阶段,对儿童心理学的研究具有重要意义。更确切地说,孩子们的语言和思维方式能够让他们获得丰富的知识,进行大量极具创造性的思考,感受事物之间生动鲜明的联系,并不断感知自然的"力量"。瓦根舍因与学生们进行了关于自然现象的对话,他很重视人与自然现象相关的经历,会用孩子们听得懂的话语向他们解释这些现象。他会提出问题,然后仔细倾听孩子们是怎样构建理论的,并与他们一起思考如何在实践中检验这些理论。同时，他也试着用某种方法帮助孩子们去接触这些现象，好让他们可以用各自的方式理解这些现象。

指南针的指针在工业生产的外壳里来回摆动，外壳的边缘已经注明了指南针的用途，但它不会长时间地吸引孩子的注意力。把一块一米长的磁化钢片放在一颗钉子上，它开始抖动、来回摇摆，并在远处某种力量的牵引下，不停晃动，最终停在南北轴的方向上，我们可以亲身体验到这样的现象，可以用我们的感官理解这种现象。我们身边的任何地方，即使是在封闭的房间里，地球磁场的磁力也照样在起作用。瓦根舍因将这一实验命名为"有感知力的大铁片"，却因此招致了批评，甚至是强烈的不满。批评他的人认为这样的命名难道不是泛灵❶化吗？铁片"感知到"力量，"服从"来自远方力量的召唤，最终"安静下来"？这不就是对"铁片"这个词进行了模糊的、拟人化的解释吗？

瓦根舍因认为泛灵化的语言与以前的公式语言❷相比，不会造成太大的影响。虽然有石子"掉落"、钟摆"摆动"，或者"木头传导性差"的说法，但谈及"力"或"阻力"，我们运用的依然是与泛灵论相关的意象。我们的语言使自然界，包括无生命的自然界"活"起来，否则我们就不能说话，也不能理解。瓦

---

❶ 泛灵论又称万物有灵论，是一种主张一切物体都具有生命、感觉和思维能力的哲学学说。——译者注

❷ 公式语言是人们为了特定用途设计出来的，如数学的符号就是一种公式语言，特别适合表达数字和符号之间的关系。化学家也用元素符号和化学方程式来表示分子的化学结构，这也是公式语言。——译者注

根舍因认为人必须运用感官的想象进行理解，运用感性语言进行描述和解释，这也是走进科学的一种方法。是的，瓦根舍因甚至说，凡是不能用语言解释某种自然现象的人，通常是他自己都没有理解这种现象。因此，瓦根舍因的目的并不是要用一种准确的措辞或抽象的公式取代一开始想要探明真相的欲望。他强烈反对将世界划分为利用感性感知的自然和通过实验可解答的、公式化的自然。感官可感知的世界充满了令人惊奇的现象，能够运用观察手段和感官的想象力来理解这些现象，才是认知的真正途径，也是开发自然的科学途径，所有伟大的发现都是这样来的。

水中的折射、延迟的声音、悬空的水滴、火车车厢外月亮的"同步移动"，这些现象都是进入物理世界的奇妙大门，它们促使我们去观察、去实验、去解释，最终理解自然，而这些都是无法用简短的公式来敷衍表达的。现在普遍都是以目标为出发点设计物理课程教学：以现代物理学的基本概念和数学结构为出发点，教学目标是使这些概念和结构明白易懂。瓦根舍因想反其道而行之，他想看看"当未受影响的幼儿遇到奇特的自然现象时，原有的物理学理解方法会受到什么样的挑战"。他想告诉大家，在物理这条路上，成人应该如何陪伴孩子，帮助孩子了解自然和科学。

本书是一本观察与对话的记录，主要讨论的是孩子们自己的"物理学"，该书三个部分及其排序正好就反映出成年人对孩子理解过程的干预逐渐增多的趋势。

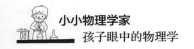
　　第一部分反映的是成年人几乎完全不进行干预的阶段。问题现象因其特殊性而脱离常规，这令孩子们感到不安并促使他们本能地提出问题、创造性地进行归类。我们从那些细心的父母留下的笔记中，或者根据孩子们成年后的回忆了解到了这一点。

　　第二部分的不同之处在于，一个成年人会选取某一种奇特的现象，把它悄悄呈现在学龄儿童面前，接着将孩子们说的话、做的事都记录下来。

　　第三部分描写的是教学课堂。课堂上，老师也是默默地呈现刺激现象，但现在的对象是一群孩子。他们先是发现问题，然后试着通过有序讨论和实验解答问题，"老师在最大程度上担任旁观者的角色，老师和学生们的对话都要录音"。

　　当然，第一部分并不只是为了向读者呈现一些令人深思的童言童语。更确切地说，瓦根舍因试图通过点评、思考以及搭建通往物理学的思维桥梁，带着读者去了解他的思维方式。有时候他还会告诉读者，他认为在哪些地方可以给有疑问和正在思考的孩子提供帮助，帮助他们进行解释或提出问题，不断取得进步。

　　例如本书中的一个故事，小女孩坐在火车上，一边可以看到火车近处的森林，另一边可以看到远处的山丘，小女孩感觉火车两边的行驶速度完全不一样，火车的右边比左边开得更快吗？如果小女孩站起来——这就是瓦根舍因干预观察的方式——看看火车两边的环境，看看铁路路堤上的草木和石头，她可能就会进一步思考，为什么远处的东西比近处的东西移动

得更慢。而距离我们极其遥远的物体，如月亮，似乎完全不会落后于火车，只要火车不改变行进方向，它就能一直跟着火车走下去。在这种情况下，细心的老师也会像瓦根舍因一样为孩子提供帮助，给予适当的干预。本书第一部分内容比较全面，还说明了我们应对物理教学契机以及障碍进行反思的原因。

本书第二部分则是基于学校进行的观察记录。老师向6~14岁的中小学生演示某些物理实验，学生们进行观察、发表看法、提出问题并做出解释，从而可以清楚地看到不同层次的解释是什么样的。瓦根舍因添加了一些注释，让这部分内容变得更有趣，至少他是这样认为的。

最后，第三部分记录了瓦根舍因式的课堂教学，即对儿童物理学进行推理、探索的过程。读者们要耐心地阅读这些报告和记录，才能摆脱成人对"童言童语"和中小学生言论的一贯态度，才能注意到他们在看似浅薄的对话中进行的学习和思考。在与大学教育学院合作的图宾根瓦内小学里，当时还是大学进修课程教师的西格弗里德·蒂尔用磁带记录下了教学过程和学生们的对话。蒂尔本人对他的课程内在关联和教学行为进行了阐释。然而，瓦根舍因在这些记录中看到的远不止是"课程"，如其中一份记录表记载的是关于声音及其耗时的初始讨论阶段，瓦根舍因后来在亨宁·考夫曼奖颁奖礼的演讲中做了如下阐释：

"任何一个人只要认真读完前面这几句话，就会发现，这里的每个人真的都在思考。每个人都是紧跟着前人的步伐，双

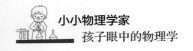

方朝着共同的目标前进。"

就对话进行的过程而言，值得注意的是：先描述要解释的现象，首先由蒂洛进行描述，其他学生再自发地重复描述（分别由罗伯特、理查德、托马斯描述）。这并不像以往课堂上经常看到的那样，老师随便"选出"一个人对他说"重复一遍"仅仅是为了控制他的"注意力"。确切说来应该是这样的：有必要重复描述，但措辞应该不一样，"学生们应该用自己的话把内容再重复一遍"。

经过激烈的讨论，最终产生了两种观点。

基利安：如果没有空气，那我们就听不到声音了！ 因为空气能传递声音。

蒂尔曼则说：声音没有眼睛，所以它会飞过来，它就这样冲过来，这样飞过来。没有人帮它，它就自己飞。

阿希姆补充道：它就在那儿（伽利略称之为"瞬时"）。

阿希姆继续说：它只是没有脚走路，我们没有其他方式可以将它描述出来……

蒂洛是第一个发言的，只需要说一下发生了什么事，但他甚至还想要精确地描述出声音延迟的时间很短。"一点点。"他说，他还想说得更精确，但没有成功。罗伯特知道：托马斯把两只手合在一起，只需很短的时间，这一点我们还可以想明白。——但接下来要说点新知识了，这也是关键问题"为什么声音会有延迟"的答案：声音传到我们这里也需要时间，

"也"字说明一切在运动的物体都需要消耗时间。延斯证实了这一点，但他没有说到"之后"这个词，他用的是他自己的语言，同样很清楚："声音不能那么快"（他是想说：声音不能像我们看到的那样快吗？）。

现在理查德想多说些话，实际上他是想说点不一样的："但是有时候我们听不到声音，它朝着另一个方向传播。"马蒂亚斯说："风向不同的时候就会这样。"

但其他人似乎认为这是一种不切实际的观点，他们假装没有听到，他们不会讨论没有听到的东西。

而托马斯又回到了眼前的问题，他甚至又把基本实验描述了一次，然后说了一些很奇怪的话（这不是很明显吗？），好像他很肯定声音的延迟是在它传播的时候产生的，又或者是他想暗示其他人，告诉他们现在应该朝着鼓移动一半的距离。但没人这么做，一旦讨论方向发生偏差，就很难回到正轨上来了：他们现在想知道声音是从哪里来的？空气起什么作用？

之后他们很可能会面临两难的选择，最终会发现：如果发生爆炸，那么膨胀球体中被压缩的空气就会跑出来。假设现在有人说：爆炸"只是"一阵气流！（那么就可以说音乐"只是"空气的振动），那我们就会形成一种概念，课本里没有这个概念，但从字里行间还是能够读出来。门外汉对此只好不安地点点头以示赞同。这种情况下，即使是面对10~12岁的孩子，教师也应该准确地告诉他们：由爆炸、音乐和话语产生的声波是聋哑

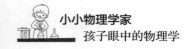

人唯一能感觉到的物质，而这种物质就是物理学研究的对象。

物理声学研究的是聋人也能接收到的那一部分音乐（相应地，后来出现的物理光学仅局限于研究光和颜色能被先天盲人接收的部分）。

像"只是"这种过于武断的措辞并不是物理学的研究结果，充其量只是一种可悲的决断。

因此，可能早在使用权威专业用语的习惯扼杀人们对差别的感知力之前，就已经有人有意识地批判物理学的片面性了。

此次再版在原文最后增加了齐格弗里德·蒂尔的回顾，此外，还增加了沃尔夫冈·福斯特撰写的有关孩子们针对暗箱的观察与对话报告，它们都源自图宾根大学讲师瓦根舍因发起的项目，他本人也怀揣着极大的兴趣全程参与。

这本书不像瓦根舍因的其他出版作品那样得到广泛传播，被极大需求，这种情况成了他在生命最后几年里一直思考的问题。瓦根舍因特别重视这些记录文稿，也非常希望它们可以再版，他还想亲自负责再版的事务。这本书现在以一种新的形式出现在读者眼前，我们希望它能被读者接受，它不仅是瓦根舍因教学法和教育哲学成果的见证，也为儿童生活世界现象学的研究作出了贡献，瓦根舍因用充满诗意的语言写下的文章（《小小守护神》《苹果男孩》）让儿童的生活世界更丰富多彩。

安德烈亚斯·弗利特纳

前言

　　物理学是一门自然科学，我们有两种截然相反的方式可以向儿童打开物理学的大门。第一种方式是从目的出发设计教学，即从当代物理学的基本概念和数学结构出发，目的是使之明白易懂。

　　而第二种方式是教师通过观察未受影响的幼儿面对奇特的自然现象时，原有的物理学理解方法会遭遇什么样的挑战。

　　选择这两种方法中的一种，教师可以做出一个教育决策，这一决策对成长中的儿童与自然及其与自然科学之间的关系都具有重要意义。

　　第二种方式其实是"遗传学"的一种方式，我们会展示出运用这种方法取得的成果，希望可以给教师提供一些教学上的帮助，并鼓励教师继续采用这种记录方法。

　　三位作者提供的文稿排序反映了成人对儿童理解过程的干预逐渐增多的趋势。

　　第一部分反映了成人几乎完全不进行干预的阶段，问题现象因其特殊性而脱离常规，这令孩子们感到不安并促使他们本能地提出问题、创造性地进行分类。我们从那些细心的父母留

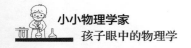

下的笔记中，或者根据孩子们成年后的回忆了解到了这一点。

第二部分记录的不同之处在于，教师会选取一种奇特的现象，把它悄悄呈现给学龄儿童，接着把孩子们说的话、做的事都记下来。

第三部分描写的是小学教学课堂。课堂上，教师也是悄悄地呈现刺激现象，但现在的对象是一群孩子。他们先是发现问题，然后试着通过有序讨论和实验解答这个问题，"老师在最大程度上担任旁观者的角色，整个讨论过程都要录音"。

这本书想提醒教师和家长们不要低估孩子的能力，他们天生就已经具备"科学思维"。以科学为导向，如果我们可以对他们进行适当的引导并且不做过多限制，他们将一直这样。

作　者

马丁·瓦根舍因
孩子踏上物理之路

这本书里收集的故事记录了当儿童（大多是学龄前儿童）遇到让他们意想不到的自然现象时，他们是如何自发思考、说话并采取行动的。虽然这些自然现象会重复出现，但还是会让儿童感到奇怪，因为它们不符合普遍的规则，甚至与之相矛盾。接着儿童就会开始产生疑问和并探索，在这一过程中，他们就会产生以物理学的方式理解自然的首次冲动。

这些孩子正在走的路并不是提前为他们铺设好的路。没有人需要考虑如何激发这些孩子的动机、兴趣，甚至是热情。我们也不必让任何事物去"靠近"他们，他们自己会主动接触这些事物，也没有人向他们提问。每当经历一些奇怪的事情，他们一定会问自己"这究竟是怎么回事"。

孩子们就好像行走在一片开阔的田野上，虽然他们每个人都只看到自己脚下的路，也不是同步行走，但是他们不约而同选择了同一个方向。

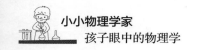

是什么让孩子们开始思考和行动呢？是什么把孩子们引向那个方向，就像鸟群受到牵引一样呢？

引起孩子们一连串探究行为的冲动，似乎并不是来自人们面对星空，面对尼亚加拉大瀑布，面对人类为艺术、体育和科技作出努力时发出的那种感叹和赞美。

在孩子们身上看不到充满虔诚的眼神，也看不到新闻搜集工作者那种探寻的目光，他们就像刚要迈出第一步的人，眉头紧锁，脸上充满惊奇与不安。

孩子们一定会经历这样的阶段：当规则或规律的某个地方突然间暴露出缺陷和弱点的时候，他们一定会感到不安。在生命的最初几年里，当与不同事物打交道的时候，我们完全相信这些规则和规律，从中能够获得对自然界的必要信任（一切事物都"按照它该有的方式运行"）。例如，一棵已经长大的树，我们都认得它，当它开始移动、消失（故事41），孩子们就会感到不安。这种由事实引发的情感和动机——从孩子们（有时也包括我们）"觉得奇怪"的东西（觉得有趣、疑惑）到纯粹的震惊和逃避（故事41）——就会产生一个研究过程，这个过程包含观察、重复、比较、猜测、干预和有计划的改变，几乎算得上是一种科学方法了。在这个过程中，"想一探究竟"的愿望驱动和维持着孩子们的思考与行为，也就是说：他们希望能够"理解"奇怪的事物，让一切顺利进行。确切说来，在某种意义上，仔细观察这些事物的话，可以看出它们是进行了伪装的"老熟人",或者与"老熟人"存在某种"关联",又或者是至少可以与之相比较的事物。如果这种理解是正确的,那么这些奇怪的事物又会被划归为他们熟悉的事物。因此,在前几个步骤中,理解总是相对的。而奇怪的事物最终"追溯"到某种事物,也不需要什么证明,只要它们"一直都是这样"就可以了。

这种情况会发生在某个年龄段孩子的身上,但是以前人们认为这个年龄段的孩子还没有做好学习物理的准备。本书中的报告会显示,孩子们学习的不是已经存在的物理,而是正在形成中的物理。如果教师们正视这样一个事实,即物理学并不代表自然界的"本来面目",而是一个特殊的"方面",是诸多方面中的一个——它按照一定的选择程序对自然界进行过滤,并以此为基础进行研究(事物内部以及事物之间存在有可测量的性质,用数学方式可将这些性质之间的关系表达出来,物理学研究的就只是这些关系中较为清晰的那一部分),那么我们就会发现,"以事物为出发点还是以孩子为出发点"这种没什么意义的选择题不复存在,而是合二为一变成一种原则:

和孩子一起以事物为出发点,这些事物对于孩子而言是重要的。

因为孩子们总是跟随自己的内心,从事情本身出发来思考驱动他们进行思考的事情,而不是以其他不那么重要的事情为

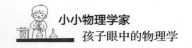
出发点进行思考，正是这些让他们思考的事情才造就了一代又一代的专家。根据现有物理学制定的针对初学者的教学法，从教育学角度来看是不切实际的。物理教学，至少是中学的物理教学，一直以来都比较随意，没有受到特别的重视，也就没有取得什么成效（那些成年之后没有成为物理学家的人就可以表明这一点）。**只有积极地去研究某个事物的产生与形成过程，才能真正看透这个事物。**

把物理入门，尤其是自然科学入门教学提前到小学阶段，提前到五年级，提前到学前教育阶段（即提前到本书报告中孩子们的年龄段，这个年龄段的孩子对奇怪的事物有着强烈的触动，甚至是兴奋和激动。此外，他们还有着面对奇怪事物的欲望和动力），如果只是纯粹将物理教学时间"提前"，那么这种举措很容易犯一个几乎无法弥补的致命错误。如果只是像把窗帘放下来一样，简单地规定将以往的物理入门教学时间提前几年，那即便是教学能够适应我们想象中儿童的表达方式也不行。每当听到有人说"要及时阻遏孩子的错误观念"，我就会有这种担忧。我们记录下来的故事想让人认识到，那些没有受到外界干扰的孩子，或者说正在行动中的孩子，他们的思考由一种"动机潜能"驱动，两相对照，我们为现有物理学入门教学付出的劳动则显得苍白无力。一件奇怪的事情能真正启发他们思考，就像自然科学研究历经坎坷波折后基本上总能取得成果。如果教学能够给予孩子们尽情思考的自由，那就真的没有必要去阻碍他们。

孩子们总会借用泛灵论给出不可思议的论证（在相当长的一段时间里，这种论证会与切合实际的理性论证交织在一起），我们也没必要去阻止他们使用这种论证方法。事情真相得到澄清的过程是自发进行的（有时就发生在一瞬间，如故事42）。在我们看来"及时"发生的事情，很可能会过早地造成伤害：

"只有在前一个阶段没有受到干扰或妨碍的情况下，下一个阶段才能得到充分发展。……不注重细节的阶段汇集了极具破坏性的能量，这种破坏性是我们意识不到的。婴儿和青少年们会进入下一个年龄阶段，这令人不安。"

这些孩子的探索还算不上是物理学。也许伽利略以前的儿童不会有什么不同的言语和思想，因为"仿佛科学最令人钦佩和可贵的属性不是从我们熟知的通俗易懂、无可争议的原则中产生和萌芽的"（伽利略）。

本书中出现的在自然科学中占据主导地位的"通俗易懂的原则"分别有：

1.物理学中现实和真实的事物必须是可以当众进行重复的，是可以进行演示的，"可以由任何人在任何时候再现"，这是一种民主性原则（第三节，以及故事41、57、76）。

2.很明显，守恒定律（后来物理学是这样命名的，例如，质量守恒定律、能量守恒定律）对于每个人来说，从孩童时代开始就是一种需求（第四节，以及故事59）。我们认为守恒定

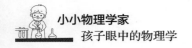
律源自人们希望"没有事物会消失"、所有事物"一定留在某处"的想法；反过来说，"所有事物一定都来自某个地方"，因为无中只能生无。这种固执的观念和以前对于事物可重复性的要求是相似的，也就是人们希望能够以任一形式"重复"看似已经消失的事物。

这两种原则均源自对可靠性的担忧。魔法已成为过去式，不再受人欢迎。"魔法"，六岁半的康拉德曾说过（第二节，以及故事12、71、74），"没有魔法，那就等于说：那是可能的，也是不可能的。"

最后一条原则在一开始已经提到过：

3.不寻常的事物、不一致的事物、引人注目的事物、奇怪的事物、罕见的事物应该能够加入普通事物的"行列中"，脱去它们奇怪的外衣；我们希望这些事物的核心其实是我们很熟悉的，我们想把多种多样的事物简化为少量显而易见的事物（在理解什么是真正的哲学"讶异"的后期会产生一些限制，即使是在这些限制的作用下也能成功做到上述这一点）。

这些通俗易懂的原则为物理学铺好了路，并一直伴随其发展。物理学通过量化和数学化才逐渐获得了威望和影响力，因为量化和数学化能够让我们预测熟悉情况下发生的事情，能让我们在符合物理规则、空间有限的装置内做我们想做的事情：科学技术就产生了。这样一来，我们会产生错觉，认为我们掌握了"自然本身"，这样的错觉也是可以理解的。

但是这本书里提到的那些孩子并不像如今成年人认为的那样,他们似乎不太容易想到要进行测量,并用数学方法将测量结果联系起来。无论是乌鸦的叫声还是爸爸的叫声,都像球一样先要在空中飞一会儿,然后才能到达听见声音的人那里。叫喊声传播的速度可以超过一条飞奔的狗,这已经很了不起了(故事34、35)。

那么人们可能会认为,物理学的诞生过程存在不连续性。有关连续性的问题对于遗传式教学法的原则十分重要,因此,接下来举例说明,朝向"多少"的概念以及功能依赖性的过渡是逐步、切实、连贯进行的,即使在这条路上会遇到困难,教师也会适时地提供帮助。问题的解决终究离不开测量。

几乎每个孩子都认为(而且不是没有理由地认为),水的"负荷能力"(即"浮力")会随着水深增加而增加。那么,老师(如果没有其他人这样做)就只需要坚持提问这到底是不是"真"的。这个问题会迫使孩子们用绳子吊着一块石头尽可能深地浸入水中,以确定石头的下沉运动是否会发生改变。他们先是用手拿绳子,然后换用弹簧秤勾着绳子,这样可以让石头的下沉运动更平稳,最后得到的结果是:石头的下沉运动没有发生变化,是"保持不变"的。如果现在老师继续提问,"浮力"到底是由什么决定的呢?孩子们会说可能是由石头颜色决定的(这太可笑了)或者是由石头重量、石头厚度、石头宽度、石头形状决定的,这就算是有进展了。接着逐一改变上述可能因素,每次只改变一个,探究"浮力"与什么因素有

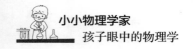

关。然后测量浮力，这样做不是为了告诉孩子们怎么测量浮力，而是为了寻找依据，探究水的"负荷能力"到底从何而"来"。这个问题不再"令人感到不安"，却引人深思（故事51、53）。

孩子们除了对分类有着极强的渴望外，本书还反映了他们另一种完全不同的愿望，这也促进了物理学的诞生：他们有着希望事物都能够"前进"的念头和欲望，但有些事物明显不能够前进。为什么坐在车里面推不动车（故事5）呢？有过这样的尝试之后，孩子们就会积累经验，日后他们会从这些经验中学到力学的某些原理。技术之梦展现出了它与物理学相关的限制和可能性。

本书中只有"自发运动"谈到了孩子们在技术上作出的努力和尝试，但这并不意味着孩子们容易发现自然现象之间的关联，却难进行发明。

以前没有人跟我讲过一个叫"永动机"的独特发明（我无疑会接受这个发明），这可能是一种巧合，也可能是由于这种想法出现得比较晚，差不多到我青春期的时候才出现。这样的想法其实一点也不稀奇，而且给我们开辟了一条通往物理学的有利通道。

有些读者会怀疑，回忆录，有的还是在几十年过后才写下来的，是不是还"准确"呢？成年人是否在没有意识到的情况下，增添或省略了一些东西，或者"美化"了一些东西，或者使一些东西"风格化"了呢？就连爱因斯坦也察觉到了这种不确定性，他说："我现在还记得，或者说我认为我还记得……"（故事24），他认为将记得的东西讲述出来是很重要的。

只要孩子具有批判性思维并且坚信"这里面总有门道"就足够了。我们每个人都来自一个被阴影遮盖住的洞穴，还有谁比正在成长中的孩子更适合当引导者，可以让我们看清楚这个洞穴的入口呢？一旦有了许多观察者提供的回忆录，我们就能从中提取出一些共同的东西。

有人可能会提出批评，认为我附加在原故事之后的有些解释只是推测，不准确，经不起推敲，简而言之，就是不够"科学"。我明白，这些人也只是想把他们当下的想法表达出来，就好像我是一个站在一旁关注着孩子并聆听他们说话的大人一样，反正每个读者都会有自己的想法。

那些想研究孩子本能行为的人，从一开始就不会对孩子进行干预，这些人知道他们要依靠推测。**过早地"帮助"孩子，过早地让他们形成某种知识结构，很容易使他们原本流畅的思维陷入预先计划好的学习步骤里出不来。**

我们希望这样的材料越多越好，希望有更多的父母留出时间、保持意识，在日常生活匆匆闪过的时候注意到孩子主动思考散发出的光芒，并把这些过程立刻记录下来。

我衷心感谢给我讲述这些故事的爸爸妈妈们、哥哥姐姐们和长大成人的孩子们。

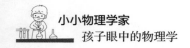

📚 01 这还不是物理学

📖 1. 讨人喜欢的月亮

爸爸的讲述

有一次，孩子问妈妈："妈妈，月亮为什么是这样子移动的啊？"妈妈说："这样它就可以看到每一张床了啊。"

面对一个三岁孩子的提问，这样的回答是很明智的。孩子提出的"为什么"就只是"为什么"而已，不需要深入解释，也不要把他说的"月亮"当作天体力学的研究对象。

📖 2. 喇叭

还是上面故事里提到的这个小朋友，他叫卢茨，才三岁，去亲戚家玩，老是说个不停。叔叔对他说："说话不要太大声哦。"卢茨这个调皮鬼告诉他："我是一个大～～喇叭。"叔叔想吓唬吓唬他，在卢茨的手臂上按了一下，跟他说："那我就关掉你这个大喇叭。"卢茨带着哭腔央求叔叔："再把我打开嘛！再把我打开嘛！"

在卢茨的认知里，喇叭就是和自己差不多的事物，所以他觉得自己可以变成一个喇叭（就像《荷马史诗》中奥德修斯的同伴们都变成了打呼噜的猪一样），也可以被人关掉。要是叔叔继续吓唬他，他就会真的一言不发，直到有人再把他打开，这时候就好像魔法真的存在一样（相对于唯一真实的物理因果律而言）。

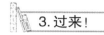

3.过来！

爸爸的讲述

有一次，才两岁半的乌韦大喊："彩笔过来！彩笔走过来！"我跟他说："彩笔是没有脚的哦。"他又说："哦，那他们可以滚啊。"

这里要强调的是"滚"这个字。爸爸之所以说彩笔没有脚，可能是想告诉乌韦：彩笔是没有生命的东西，但是乌韦还不能区分"有生命"和"没有生命"的概念，他也许想表达的意思就是：彩笔到底怎么过来不重要，我们用脚走路，彩笔滚过来就行了。

4.想再次融为一体

奶奶的讲述

四岁半的孙女把脚伸进施卢赫湖时，她说："水真可怜啊！"（我们猜，她应该是觉得自己弄疼了水）。除此之外，有时候她还会大喊："天空过来吧！月亮过来吧！"

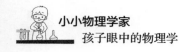
一位妈妈根据她的记录描述她四岁十一个月大的儿子

大海给他留下了极其深刻的印象。我们晚上坐在宽阔的围墙上，远眺着汹涌的海浪，这时他会很忧郁地说："我想变成大海、变成水。"然后又用一种向命运屈服的口吻说："但是亲爱的上帝把我变成了一个儿子。"

这两个故事其实是相通的。这两个快五岁的孩子正处在认识客观物理世界之路的起点，但他们还有犹豫，还会依赖他人，放不开手脚。

从他们的叫喊中可以感觉到早期儿童与世界的关系，这种关系他们已经可以用语言表达出来。这个世界，"这里的"一切，都是像我们自己一样的东西。如果离它太近，就会伤害到它。其他东西离我们很远，但我们也想让它们与我们同在，我们想与之融为一体。

但是这种融为一体的存在状态已成为过去式，外部世界也不再疏离我们，"客观世界"开始将我们置于痛苦之中，人开始认识到自己是不同的，是另一种秩序的"子女"。

在其他情况下，这个年龄段的孩子已经可以用物理学的方式进行思考。相反，成人还常常会有孩子这样的感觉，而诗人可以将这种感觉淋漓尽致地表达出来。

02 规则与分类

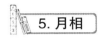

5. 月相

爸爸的讲述

我的儿子洛伦茨一岁半，被月亮强烈地吸引着。每天晚上他都要观察月亮，每次都会看上好长时间。1966年盛夏，洛伦茨第一次看到了月亮，当时的月亮在明朗的夜空中显得十分暗淡，洛伦茨眼中的月亮是一个圆形的平面，被夜空微微衬托着。洛伦茨说了一个字："点。"

月亮是与他已经认知的事物相似的唯一事物：它是遥远平面上一个圆形的小物体，是陌生事物里面他熟悉的事物。

到了秋天仍然如此

星期日下午五点半，暮色降临，一岁九个月的洛伦茨突然看向他身后森林上空发出黯淡光芒的月亮，他高兴地喊道："月亮有光。"

他不再说点这个字了，他现在发现月亮"有光"。路灯有光，汽车有光，月亮也有光。

要理解一个不可理解的事物，科学的第一步就是要找到另一个我们更熟悉的、与它有关的、与它类似的事物，就好比在经过仔细观察后，将一个陌生人认作"老熟人"。这种熟悉的事物可能会变化，并不唯一。也就是说，理解是相对的。

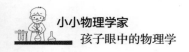

6. 越来越圆，越来越晚

魏女士回忆她的童年

大概在五岁的时候，她总是在傍晚时分注意到，月亮升起来的时间一天比一天晚，她还发现月亮变得越来越圆。然后她就想：怎么会这样呢？这两者之间是否有联系呢？也许是因为月亮变得越来越圆、越来越迟钝，它才出现得越来越晚？就像家里的厨师伊丽泽一样，她越胖，上楼就越艰难、越迟缓。

魏女士观察到了两种现象：月亮出现得越来越晚以及月亮变得越来越圆，而她把这两个变量带入了一种因果关系。于是，她通过与自己熟悉的一个类似的依托物进行比较，成功地理解了另一个事物。

再看看我们的高中毕业生，情况却不太可观，他们在天空中几乎什么都看不到。对于他们大多数人来说，月亮不过是一个偶尔会出现的天体，有时在那里，有时不在，多数时候不完整，他们认为月亮就是一个不可靠的天体。（有关专家肯定都知道这一点。）

📚 03　可重复性

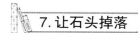

7. 让石头掉落

　　两岁的意大利小男孩克劳迪奥，金发黑眼。他站在碎石铺成的露天平台上，发现有些事情是可以重复的，从而教会我们信任这个世界。他深深地沉浸在其中，难以置信地认真：他蹲下身子，两只手握满明亮的鹅卵石，慢慢地站起来。他紧紧盯着自己的双手，以确保石头不会掉落，然后他慢慢打开双手：石头一颗接一颗地自动掉落到地上。他不知疲倦地重复这一套动作，一次又一次地提出疑问，一次又一次地进行挑战，一次又一次地得到求证。他不断练习、不断实践他追求和需要的东西：可靠性，直到最后他依然笑容满面。每一次成功，他都会抬起他那黝黑的眼睛看向我，仿佛在说：你也看到了吗？我能做什么？我可以让别人做什么？

　　克劳迪奥还不太会说话，我也不需要说什么。他光靠自己就积累了最古老的基本经验，自然科学就诞生于这种经验中：规则、重复性、可预测性可能都是自然赋予我们的。

　　用不了多久，克劳迪奥就不会再感到惊讶了，他会习惯这一切。对他来说，人能活在这个世界上，就会变得理所当然。他不会再用眼神和言语发问：为什么石头会掉下来？

　　但是很多年以后，他可能已经学过物理，到那时他可能又

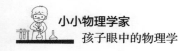
会以完全不同的方式提出问题。虽然物理学始于对不寻常事物的惊奇，但他对寻常的规则也会再次感到惊奇。

8. 捉迷藏

　　咖啡厅卡座，中间有半高隔断。一个两岁的孩子坐在那边，我坐在这边。他伸长脖子的时候，直直地盯着我的眼睛，我也可以看到他的眼睛；他低下头的时候，几乎完全看不到我。他注视着、观望着，他在想是不是每次都是这样，对面这个人是不是一直都在那里？这个男人每次都以同样的方式消失，又以同样的方式出现。他也许认为，这一切都很正常。没错，他的想法是对的，但他连笑都不笑：他根本不是在思考我这个人，他是在思考我重新出现这回事。——这时候他满脸严肃地转过身去吃他的蛋糕。

　　"让石头掉落"和"捉迷藏"这两个故事的共同点是它们都展现出事物的可重复性。有些事物会离开、会消失，如手里的鹅卵石、隔断后的陌生人，但是我们可以让这些事物重新出现，能够不断重复的事物都"处在规则中"（处在因果关系中）。同样的，物理学家希望一项正确的试验可以不断进行下去，不论做试验的人是谁，始终可以得出相同的结果（参见故事57）。

04 寻找永恒的事物（守恒定律）

守恒定律是物理学表述，这些表述指出，我们可以找到一个可测量的量，这个量在某一过程中保持不变，于是就有了质量守恒定律和能量守恒定律，这些定律的前科学形式是认为物质不会消失的观点（反过来说就是：无中只能生无）。

9. 倒牛奶

牛奶店里，我前面这位女士带着一个两岁的孩子，她已经买好了牛奶，但是她的孩子不想走。他把小手放在柜台边上，两只眼睛盯着我的塑料牛奶瓶，售货员从玻璃瓶中倒出牛奶，装满我的塑料瓶，这个孩子就这么入迷地看着。他妈妈觉得很奇怪，就问他："你到底在看什么呢？"她会一把抱走孩子吗？她没有这么做，她是个好妈妈，即使她根本不明白孩子在看什么。这个孩子已经完全出神了，他一动不动地看着我举起来的瓶子，白色的牛奶正慢慢往里面倒。当牛奶从瓶子里溢出来的时候，他仿佛也被填满了一样，心满意足地把手从柜台上移开，像极了一颗已经成熟的果实，他和妈妈慢悠悠地走了出去，准备去探索新事物了。

这个孩子当时聚精会神地在看什么？是在看牛奶怎么流动的吗？是在想应该注意些什么，确保不出差错吗？还是在想倒

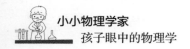

牛奶的那只手应该慢慢倾斜，另一只手稳住瓶子，两只眼睛要一直盯着呢？牛奶瓶是透明的，他可以看到牛奶液面上升的过程！就在这个瓶子倒满牛奶的同时，另一个瓶子就变成空的了。倒完了，结束了！

孩子可能会想，一切正常，继续往下看吧。

之所以把这个故事放在这里，是因为在倒牛奶的过程中，这个孩子可能会了解到这样一种模式：他知道某样东西是如何在一个地方逐渐消失，又在另一个地方慢慢出现的，虽然容器形状会不一样（这个故事里用到的瓶子不一样），但它的数量仍然没有减少。孩子可能希望看到牛奶再倒回第一个瓶子里，那还会是一样的吗？

在这样的游戏中，容积是一个量的概念，它不依赖于容器的形状。

10. 它们在哪里？

妈妈的讲述

康拉德，两岁五个月："白天现在在哪里啊？"康拉德·布茨长高了，"那个没长高的布茨现在在哪里啊？"番茄酱，"番茄现在在哪里啊？"睡饱了，"睡觉现在在哪里啊？"

这段对话告诉我们：孩子把白天、布茨、番茄和睡觉当作有地点的事物，可以用"在哪里"提问。康拉德也不例外，他注意到了这一点，玩提问游戏，乐此不疲。下一个故事的主人

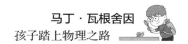

公卢茨也是如此。

11. 黑暗

爸爸的讲述

　　三岁的卢茨早上起床后就自言自语："黑暗去哪儿了？它去大地里了。"

　　卢茨还不懂得，黑暗其实什么都不是，或是一种消极的事物，或者说没有光就是黑暗。卢茨既然害怕黑暗，那么黑暗肯定是某种真实的东西。如果黑暗一到早上就不见了，它一定是藏在某个地方，因为没有东西会消失。卢茨认为，黑暗可能会进入大地，它属于那里，因为大地总是黑暗的，是黑暗的家园。

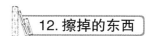

12. 擦掉的东西

　　擦掉的东西让很多孩子产生了思考。

爸爸的讲述

　　马尔库斯两岁了。"我画一点东西，把它擦掉，马尔库斯惊奇地喊道：'不见了！不见了！快看！快看！'我又把擦掉的东西画出来。"他更激动了。

　　画出来的东西不见了，让孩子很震惊。

爸爸的讲述

　　三岁的卢茨看着爸爸擦掉用铅笔写下的字，就这样消失不见了，他问爸爸："爸爸，字去哪儿了？它跑到橡皮里去了

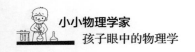
吗？"爸爸指着那些橡皮碎屑。卢茨明白了，心满意足地说："它跑到碎屑里去了。"

卢茨正走在探索物质守恒定律的路上。一切事物都会留在某个地方，即使它不再回来（如上文马尔库斯的例子）。

没有什么事物会消失，它们不过是以某种方式去了某个地方。

妈妈的记录

康拉德，五岁三个月。"'为什么用橡皮擦擦几下就能把画的东西擦掉啊？这是怎么回事啊？'我试着跟他解释清楚，并且告诉他，在此之前我也没有想过这个问题。'哦，妈妈，你还没有想过这个问题吗？你的意思是，知不知道答案都无所谓吗？但我觉得这并不是无所谓的。如果真的无所谓，如果没有人思考这个问题，那就没人会想到，擦东西要用橡皮擦。'"

康拉德不再感到惊讶，他只想知道更准确的答案（"这是怎么回事啊"），但是从大人们那里得不到他想要的答案，他们只是不假思索地使用这项发明，不会去想它一定是来自某一发现。

13. 沉甸甸的音乐

魏女士讲述她童年时期的一次家庭出游，那是在1914年以前，当时的她不过四五岁。

她穿着水手服，戴着宽边草帽，还发着烧，和大人们一起走在洒满阳光的田野上。妈妈很担心她的身体，阿姨却说：

"她好着呢，她还在吹口琴呢！"

但这个小女孩当时是这么想的：口琴很重，一直在衣服口袋里来回晃荡。她把口琴拿出来吹了几段旋律，想让口琴变轻一点。就好像打开一个关着小鸡的笼子，有几只小鸡逃出来一样，用乐器发出声音也很简单。小鸡从笼子里逃出来之后，笼子就变轻了，小鸡可以被抓回笼子里，但是她不能把旋律放回口琴里，否则每段旋律都可以被拿出来，她做不到这一点。有一些旋律就在口琴里，她可以让它们跑出来；有时候这些旋律不想出来，她就可以想办法引诱它们出来。

后来这个小女孩十四岁了，她心里还是有些许这样的想法。至少她很相信一点：旋律总会有结尾；口琴在演奏过程中总要休息，就好比浇花的时候总要让浇水壶休息一样，要让花盆底下的水再次慢慢渗入泥土。

就像拿走樱桃后的小篮子变得更轻了，或者就像学校里有人向你提出一个问题，但你不知道答案，你感觉头很沉重，但当你想出答案并把答案说出来的时候，你又感觉头变轻了，同样的，口琴也是在吹出旋律之后变得更轻。

反过来说，和故事12中逐渐消失的字迹一样，这个故事涉及的问题不是"旋律去哪里了？""旋律停留在哪里？"而是"旋律从哪里来？"这也符合小女孩的亲身体验，旋律不是从她那里来的，是从口琴里来的，旋律让口琴变得更轻盈，因为"存在"的东西都有重量。

物理学家当然会对这样的事情感到奇怪。当爱因斯坦发现

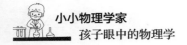

暖和的石头比冰凉的石头重一点，正在飞的石头比平放着的石头重一点，他也会觉得很惊奇，然后就会接受这种事实。如果有一天，在科学界取得大量进展之后，某个外行人得知的最新消息是大家看过的报纸都变轻了，他还会感到惊讶吗？

大概也是在魏女士十四岁的时候，她和父母一起乘坐游轮沿莱茵河而下。当船上的乐队开始演奏时，她迅速爬上栏杆，望着游轮的吃水线，她坚信，当音乐响起的那一刻，船一定会升高，然而并没有，她感到很失落，一言不发，她父母觉得她很奇怪。

没有人知道，就连如今的她自己也不知道，她曾经是不是期待着能看到，船会随着音乐的演奏一直往上升，也许是她感觉到乐队开始合奏时的冲击力特别大（就好像电磁"感应"一样）。

14. 风

三十五岁的魏女士回忆她七岁时是怎样思考下面这个问题的：

"风不刮的时候，它在做什么呢？"她不想去搅扰大人们，她躲在自己的秘密角落里问她的想象力，这是她幻想出来的伙伴，它就住在墙壁里。这个她也看不见的朋友悄悄告诉她："每当风想睡觉的时候，它就会拖着长长的衣服后摆转圈圈，越转越慢，最后在灌木丛中躺下来，在任何一个灌木丛里都可以睡着。"

关于风的问题比关于黑暗的问题要难得多，因为风比黑暗更活跃，用我们的话来形容风就是一个行动者。风不只是"停在那里"，它还会"吹起来"，会"刮起来"（正如雨会"下"、天会"黑"一样）。风之所以是风，是因为只有风才会有它这样的行为，也就是说，如果它不是风的话，要知道它做了什么就是难上加难。如果我们认为风只会朝着各个方向吹，那是不对的，它很快就会"躺下去"，很快又会"起来"。我们可以在灌木丛里看到风，它一定曾在那里躺下来过，一定曾在那里停留过。

15. 新生儿

老师的讲述

学校郊游中途休息，一群十岁左右的中学一年级学生围在老师身边，他们问老师："真的可以称出地球的重量吗？""是的，真的可以，可以很准确地称出地球的重量！"学生们惊讶，沉默，队伍继续前进。过了一会儿，突然有人喊道："这不可能啊！""什么不可能？""称出地球的重量！""为什么不可能？""因为不断有婴儿出生！"

很难说这个学生当时在想什么。可能他的意思是，新生儿都是例外，因为他们诞生于虚无？还是说，他认为新生儿就像我们了解的流星那样是从天而降的呢？

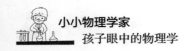

16. 死去的人

爸爸的讲述

一个五岁的小女孩画出了一个阴暗的反面形象："'世界变得越来越高，高到天上去了。'她的理由是：'当越来越多的人死去然后被埋葬……'就在前一天，她参观了一个墓地。"

"新生儿"和"死去的人"这两个故事再一次说明：只要思考世界这个整体，一切事物就都有问题。

17. 难以看出某些事物保持不变的两种情况

爸爸的讲述

三岁半的福尔克马尔帮妈妈熨衣服、叠衣服。当他拿到一件比较大的衣服时，他会说："这件衣服太重了，我首先得把它折起来。"

这时候爸爸补充说道："好像这样衣服就变轻了呢。"我们可以猜测福尔克马尔想要表达的意思并不是衣服太大，他觉得难以操作。如果这样解释的话，那这个故事就可以说明物体的重量不是一成不变的，而是取决于它的"大小"。通过折叠，衣服看起来变小了，但它的体积、可视面、重量没有变化。

福尔克马尔年纪太小了，他还没有发现衣物的重量其实是不变的，但在下一个故事中，无论是八岁的孩子还是没有受过教育的成年人，他们都看不出有什么东西是不变的。

一名大学生讲述她八岁弟弟的故事

他在摆弄他的马克林❶积木部件，用各种方式平衡一根长梁。玩了很久，他说："如果我把这一边堆得越来越厚，另一边堆得越来越长，那就可以了！"

小男孩的这种表述很生动，但不准确，与杠杆定理"动力×动力臂＝阻力×阻力臂"的公式相差甚远，而公式是很精确的。我们一直在探索，直到我们可以构造出一个概念，这个概念可以满足我们的要求：在杠杆的两边，即使重量不相等，即使距离不相等，但当杠杆保持平衡时，两边总有一些东西是相同的。

---

❶ 马克林公司是一家德国玩具公司。该公司成立于1859年，总部位于巴登-符腾堡格平根，最初专注于生产玩具屋配件，后来以模型铁路和技术性玩具知名于世界。——译者注

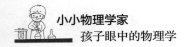

05 自发运动？（作用力 = 反作用力）

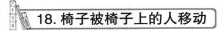
18. 椅子被椅子上的人移动

爸爸的讲述

乌韦（一岁十个月）想跟椅子一块移到桌子边上去，但是椅子离桌子稍微有点远，乌韦爬到椅子上，抓住椅子靠背上端推椅子。

19. 抓住自己

爸爸的讲述

孩子第一次学走路的时候，他就在一个空荡荡的房间里走来走去，里面没有椅子、没有桌子，他根本没有东西可以扶。他当时光着身子，于是他就抓住自己肚子上的赘肉，就这样依靠自己的力量学会了走路。

这个故事里信念帮了大忙，而不是物理定律。我们是不是又开始产生疑问了：为什么我们向左倒下时，用手把整个身体往右边拉，却一点用也没有？我们都是明希豪森❶啊！

---

❶ 18世纪德国汉诺威有一乡绅名叫明希豪森（Baron Münchhausen，1720—1797），早年曾在俄罗斯、土耳其参加过战争，退役之后为家乡父老讲述其当兵、狩猎和运动时的一些逸闻趣事，从此名噪一时。后出版一部故事集《明希豪森男爵的奇遇》，其中有一则故事讲到他有一次行游时不幸掉进一个泥潭，四周旁无所依，于是他用力抓住自己的头发把自己从泥潭中拉了出来。——译者注

明希豪森抓住自己的辫子把自己从沼泽地里拉了出来，他那像绳子一样系在头上、比手还长的辫子（这和孩子学走路时直接抓住自己的肚子不一样）欺骗了我们，让我们以为他抓住的仅仅是自己的辫子，没有依靠任何别的东西，但是这样的故事根本没什么意义，它只是一种"微不足道的经验"（马赫）。牛顿由此提出了他的第三定律，即作用力与反作用力的定律，即我们总是需要借助另一个东西才能把自己推开或者拉过来，而依靠我们身上绷紧的辫子或我们坐着的椅子是不可能做到这一点的，因为我们自己与这些物体已经构成了一个固定的整体。但是，如果一个人的手可以活动，那他可以轻轻推动自己（就像正在坠落的猫把自己从尾巴上推开一样），如果人的双手，如走钢索的人的手，握着一根难以移动的杆子，在某种程度上就具有很大的不可移动性（即惯性），那么这种推动的效果更明显。

20. 从内部让马车加速

贝先生的回忆

以前还有马车坐的时候，一个小女孩特别喜欢坐在马车的最前面，使劲推马车的前壁板，她这么做是因为她觉得那些马太可怜了，她很心疼它们，想帮它们减轻负担！

这个小女孩可能比上一个故事里学走路的孩子还要大很多，但她的行为和乌韦一样，也和明希豪森差不多（但她不自私）：她的辫子与她坐着的木制座位一样长，座位有前壁板、底板和靠背。辫子长在小女孩身上，但座位不一样，它只是紧贴着小女孩的身体，所以小女孩总会有办法帮助那些马：她站起来，踩着前壁板跳起来，向后跳进车厢，不过，只有在她跳跃腾空的片刻时间内才有减负效果，因为她猛地落下来只会让车厢剧烈地向后运动。

如今的汽车已经有相类似的东西了，也就是发动机，只不过它的设计动机不是出于同情罢了。

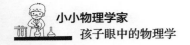 **21. 从内部推动汽车**

爸爸的讲述

我们关闭了发动机，开车沿着一段坡路往下滑行。接着道路又开始缓慢上升，汽车动力逐渐减弱，五岁半的孩子试图在车内推着车继续前进。这时，他八岁的姐姐想让他明白他做的事情只是徒劳："没有用的！ 你推不动车的！"他说："可以的，虽然爷爷坐在前面，但我很用力地推着座椅靠背，它甚至可以向前倾斜。"姐姐说："尽管如此，但你自己也坐在车里，推座椅没有任何用！"他说："不，有用。有几次我推了一下，车子就翻过了小山坡！"姐姐说："那汽车也是靠自己的动力才能走这么远的。如果你向前推前面的座椅，然后你就会一直向后推你后面的座椅，这样它们就相互抵消了。" 小男孩理解不了这一点，他和姐姐的谈话还持续了一段时间。

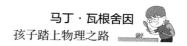

　　这个故事体现的是牛顿提出的"作用力＝反作用力"原理，小女孩已经开始明白这个道理了。她说的最后一句话中"一直"值得注意。她的意思是，作用力与反作用力是交替出现的吗？如果人以向前弯曲的姿势往前走，一会儿过后，他又会以向后弯曲的姿势停下来吗？这是冲力与反冲力的作用吗？

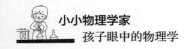

06 旋转运动

22. 旋转木马之谜

魏女士的讲述

我四岁时拥有一个旋转木马小玩具。我发现，旋转木马外面转得快，里面转得慢。我觉得很奇怪，甚至觉得很可怕：同一个东西，为什么可以同时转得既慢又快？我一直盯着旋转木马看。

有一次我用橡皮泥捏了两个小人，一个放在旋转木马最外面，一个放在最里面，最中间放了一个用橡皮泥捏的小动物。我想看看它们会不会一起转动，果然，它们都转起来了，我心想这太棒了，可能是这三者在彼此抗衡。

大概七岁的时候，我才真正感到满足。出去郊游，我在游玩的地方坐上了真正的儿童旋转木马。其他孩子的注意力都被一只小猴子吸引了，但我却独自一人在做旋转木马的实验，希望不被人注意到，这太令人兴奋了。我的脑海中突然闪出这样的想法：此刻和之前那个时候是"一样的"，现在我自己坐在旋转木马上转圈，一如当年我用橡皮泥捏出来的小人和小动物坐在旋转木马玩具上转动，此刻我觉得自己就像是用橡皮泥捏出来的人。几十年过后，我还记得当年心噗噗跳的感觉：结果会如何呢？结果让我很满意。

弄清楚真相后，我内心的不安就像一件大衣从身上滑落，彻底消失。我蹦蹦跳跳地跑开了，和其他孩子打成一片。

自此以后，我再也没有思考过这个问题，直到不久以前——已是五十年过后了——我梦到自己跑进了厨房的电动绞碎机里，看到一片胡萝卜旋转着被绞碎。

当初魏女士捏的那两个小人并不只是两个橡皮泥球，如果有什么不对劲，它们本可以是相互对抗的人，幸运的是它们没有这么做，而是一起转动，互相配合。它们证明了奇怪的事物也是"处在规则之中的"（放在最中间的小动物：魏女士总是认为动物比人更重要），直到她自己坐在旋转木马上转动时，她才坚信这一点。**我们总是到后来才学会为纯粹的想象"设身处地地着想"**。

而后连橡皮泥捏出来的警察都缩小变成了物理学家眼里无生命的质点。

一个物体具有几个不同的速度，这令人困惑。物理学家解开了这一谜题，称一个物体有且只有一个"角速度"，也就是说该物体上所有点的角速度都是一样的。

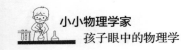

07　无须触碰即可运动？（磁铁）

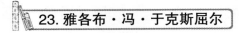

23. 雅各布·冯·于克斯屈尔

生物学家雅各布·冯·于克斯屈尔在他的回忆录里写道

　　当我还是个三岁的小男孩时，爷爷鲍里斯坐在书桌前，我坐在他怀里。书房里一片漆黑，只有书桌上亮着台灯。灯光下不时出现一张布满皱纹的老人的脸，但引人注意的并不是这张脸，而是一块马蹄铁，它能把另一块铁片吸过来，而不必用线将它们连起来。那时我基本上确信大自然存在奇迹……乃至现在我仍然认为磁铁是一件神奇的东西。

24. 阿尔伯特·爱因斯坦

阿尔伯特·爱因斯坦的回忆

　　我四五岁的时候体验过这种神奇的事物，那时我父亲给我展示了一个指南针。指针的运动十分明显，完全不符合我本能概念系统里事情发生的方式（我认为要进行"触碰"才能让指针动起来）。我仍然记得，或者说我认为我记得，这段经历给我留下了深刻而持久的印象，让我觉得事情的背后一定都有深藏不露的东西。

　　爱因斯坦的经历和于克斯屈尔的不太一样，因为他看不到另一个起作用的物体。在爱因斯坦的故事里，来自某个方向的

"某些东西"吸引着指针，指针就像是拴在了一根看不见的绳子上。

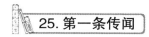

25. 第一条传闻

爸爸的讲述

阿恩希尔德（四岁四个月）说："埃克哈德有一样东西，铁可以在它旁边跳跃。"

她没有想到教科书上使用的术语：这个"物体"可以"吸引铁"，她用"跳跃"这个词来描述未经接触可以使铁的位置发生变化的作用效果。虽然她坚信这都是那样"东西"的功劳，但她通过强调铁的变化，为日后认识到这是（和物理学中的"力"一样，惯性力除外）一种相互作用奠定了基础。如果磁铁是更容易移动的那一方，那么跳跃的就是磁铁。如果磁铁和被吸引的物质都容易移动，它们就会朝着彼此的方向跳跃。

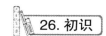

26. 初识

爸爸的讲述

我送给洛伦茨（四岁四个月）一辆带拖车的小卡车，要注意的是：车头与拖车连接处用的不是钩子，而是两个圆形小磁铁，它们通过磁力彼此吸引，相互连接。我笨拙地向洛伦茨演示这是怎么一回事。他不断重复我的动作，起先是默不作声，随后大笑、欢呼，笑的时候还看着我，笑容灿烂，但又显得有点不知所措；他一直在仔细观察连接处的两块磁铁，手指轻轻抚摸它们。他就坐在我的膝盖上，我什么也没说，他自顾自地在说话（我跟着记下来），他时而自言自语，时而转过头坚定有力地对着我说话（中间偶有停顿）："车子为什么这样开呢？""它发现什么了吗？"他迫切地看着我说："车子为什么这样开呢？""它们自动连接在一起了。""每次都可以把这个东西取下来吗？""车子又没有脑子，它不知道要去哪里，为什么它会动呢？""车子要开去哪里？"我说："你在说什么呢？"他说："我没说什么。""它身上又没有按钮可以按，用来启动车子。""哇塞，行驶过程中车头和拖车一直都不会分开，因为它们会一直靠在一起。""这种车子很厉害啊。""竟然还有这样的东西。"

（他又花了五分钟去做别的事……）

接着又重复连接车头与拖车："到底为什么可以把车头与拖车这样连接起来呢？很有趣。"

突然，他有点激动地叫喊着（他就站在我旁边）："我又发现了一些事情。"（他向我展示：两块磁铁都可以旋转，一块磁铁可以将另一块从原来的方向吸引过来，他一遍又一遍地演示）"一块磁铁站在这边，另一块就会朝着它走过来。"他开心地说："现在我有了发现，太棒了！现在我也有了发现，太棒了！"

27. 铁屑中的磁铁石

在瑞士一所农村寄宿学校里，九岁半的克里斯在老师的房间里找到了一个盒子，里面放着两块纯天然磁铁石，外面裹着铁屑。"有磁性的动物！"他大喊道（这两块石头看起来真的像两只相互依偎的浅灰色老鼠）。

克里斯一边研究这两块石头，一边跟一个站在他身边十二岁的男孩说话，克里斯完全没有听到这个男孩在说一些毫不相干的电磁学知识。

他们的老师就在一旁悄悄记录这一切：

"他惊奇地看着这些碎屑。'到底是什么东西有磁性呢？是您在上面涂了一些我们看不见的胶水吗？要不然它们不可能粘在一起啊。只要把碎屑从石头上拿开，它们就立马散落到手上了。'

"'这两块石头是在哪里找到的？'我告诉他们，这是在泥土里找到的，是真正的磁铁。他们点了点头，以示认同。'嗯，那它们永远不会变空。'"

石头能吸引铁屑，他并不感到奇怪，因为他已经有这样的认知。他惊讶的是，铁屑本身就能粘在一起，也就是说每一个铁颗粒都对其他铁颗粒具有磁性的吸附力，它们就像头发一样一直粘在石头上。如果把铁屑剥下来，它们就会从磁石的"影响"中抽离出来，然后"它们就立马散落到手上"（我们以为他说的是一种垂死的生物）。

为什么当克里斯听到这块石头是在土里找到的时候，他

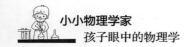

赞同地点了点头，十分镇静，还说："它们永远不会变空？"
他可能认为大地母亲会供养从她肚子里取出来的这块石头。克
里斯并不知道，如果这块单薄的石头，长时间静静地躺在那
里，没有了包裹在它外面的铁屑，那它很可能会变得"空空如
也"。但克里斯说得很对，磁石只要留在泥土中，就能几千年
"不变"。他虽然还没有从物理学角度理解这种现象，但让他
找到其他的磁石其实并不难。

　　学生们要到中学才能接触到磁学，比克里斯大几岁的孩
子才开始学这个。很少有学校会给每个学生发一块磁石（每块
磁石成本不到10马克❶），让学生不受影响地做自主探究的游
戏，大部分教师很可能就只是远远地站在讲台上向学生们展示
一块磁石，一次就过。与看起来古色古香的文物相比，光鲜亮
丽的方形工艺品一般都是别的机构提供给学校的现成产品，边
边角角涂着各种颜色的彩漆。磁学也是后来才提出来的学科，
是电流学说的衍生物。那么，在很多孩子看来，磁学不就完全
是人造的学说吗？

---

❶　原德国货币单位，2002年7月1日起停止流通，被欧元所取代。

08 看不见的事物让看得见的事物运动?（风）

28. 来自树间的风

何先生的回忆

我对我的童年记忆犹新，三岁以后的事情我全都记得，这期间发生过一些很重要的事情，尤其是我们搬家那天，正好是我4岁生日。

对于风从哪里来的问题，我的回答颠倒了因果：我认为风来自树木的运动 。

当然，某些时候我选择放弃我那些天真的想法。我不记得我以前是不是同时有过这样两种想法，即树让风运动，风又让树运动。我是在大城市（德累斯顿）长大的，但我们每年的暑假都是和住在巴伐利亚的祖父母一起度过的，他们在森林边上有一栋房子。这样的看法有可能是我在那里想出来的。

上文引用的最后一段话出现在我与何先生的第2封信中，此前我曾告诉他，这种认为树木利用树枝产生风的说法并不罕见，"我认为，"我写信跟他说，"在树林边长大的孩子最有可能产生这种想法。"我还告诉他，也有一些儿童支持"因果循环"的说法（树枝生风，风又使树枝运动）。

以下的说法也可能是原因：一旦我们不再把风看作是一种人，也就是说，一旦我们开始机械地思考，那我们就很有可能

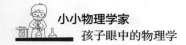

无法完全从身体上去感知空气。与空气相比，粗壮的树枝更有可能是产生风的原因。

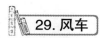

29. 风车

爸爸的讲述

阿恩希尔德，四岁八个月。

阿恩希尔德喜欢画画。她画了一个风车，然后说："风车能产生风。"

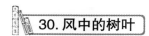

30. 风中的树叶

爸爸的讲述

我给阿恩希尔德（五岁两个月）讲述了一个我自己编出来的童话故事，讲的是一片树叶环游世界，被一阵风吹到了一辆汽车上。阿恩希尔德说："树叶产生了风！那树叶又是怎么被风吹下来的？"

可见她不是"因果循环"论的支持者（试比较故事28）。

09 看不见的事物在看不见的事物中运动（声）

这一节的故事主要探讨声音的来源，如口哨声、说话声等。

31.口哨到底是怎么吹出来的呢？

爸爸的讲述

加布里埃莱六岁半了。

加布里埃莱整天挂在嘴边的一句话就是："口哨究竟是怎么吹出来的？"我妻子试着向她解释："当空气从一个小洞里快速通过时，便会发出声音。""但空气到底是怎么知道我要吹什么歌的？"

这个故事可与前面的故事13相类比，故事13与守恒定律有关，但也属于"声学"范畴。

故事里的两个孩子对他们使用的乐器——口琴和嘴巴都产生了思考：故事13里的魏女士认为，她只是把旋律从口琴里释放出来（更准确地说是引诱出来），口琴吹出来的都是已经储存在里面的歌曲。而加布里埃莱面前没有乐器，因此她知道是由她自己决定要吹什么调子，就能吹出什么调子，她还提问"口哨是怎么吹出来的"。她得到的回答就是从物理学的角度来解释的，十分专业。加布里埃莱认为空气是一种有生命的物质，它首先得知道它应该做什么。如果她可以将空气和她自己的

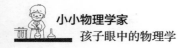

嘴唇转变为客体来看待，那她就可以想明白了。但是要把自己的身体看作"外部世界"的一部分，还是很困难的。我们这些成年人每时每刻都在呼吸，即便如此，又有谁知道呼吸这个动作是怎样完成的呢？我们甚至都没想过这个问题！因为大脑其实也是外部世界的一部分。大脑又是怎么知道我们在想什么的呢？

32. 话语的通道

妈妈的记录

阿尔穆特快六岁了。

阿尔穆特："妈妈，你相信我：我可以听到我说的所有话。"

妈妈："嗯。你的嘴巴离你的耳朵也不是特别远。"

阿尔穆特："我说的话从这前面出来，马上又从那里进去。"（她左右手各伸出1根手指，从嘴巴前面移向左右两只耳朵。）

妈妈："我现在该做什么？我也把手放在那里吗？"

阿尔穆特："这样我可以听到一半我说的话"（她把两根手指放在耳朵里），"你可以听到另一半我说的话"（把妈妈的手放在妈妈的耳朵上）。

妈妈："好的，如果爸爸也在房间里呢？"

阿尔穆特："那我就可以听到一半的一半，爸爸听到这一半剩下的另一半，你可以听到全部的另一半。"

阿尔穆特这些话是对着那些听她说话的人说的。这些人就是她说的话的最终归宿，是它们的目的地，她说的话不会与这些人擦肩而过化为虚无。将人排除在外、"客观化"的物理学距离她还很遥远。

33. 火车头的汽笛声

一位现已五十岁的男士回忆

大概在我七岁的时候，我看到一辆火车的火车头冒出白色烟雾，然后隔了很久才听到汽笛声。我就站在那里，等着其他火车开过来，但是一直都只看到这一辆火车。我只是不愿意相信声音在无形的空气中传播需要时间！

也许让他觉得诧异的是"无形的空气"，也就是"虚无"实际上是一种可以"起阻碍作用"的物质。

34. 乌鸦的叫声

魏女士回忆，五十年前她还是个五岁的小女孩时，她独自一人在小城外见到一只乌鸦，感到很惊奇。

一只乌鸦站在远处的篱笆上，嘎嘎地叫着，每次叫的时候它把头低下来，让魏女士觉得奇怪的是：乌鸦不是在叫的时候低头，而是在开始叫之前就低头。它是在吸气吗？还有，它的叫声并不是直接就能被听到，而是像球一样从空气中飞过才能传到耳朵里？为了弄清楚这一点，魏女士采取了一些行动：她慢慢远离乌鸦，随着距离增大，看到乌鸦低头和听到嘎嘎叫声

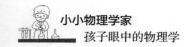

之间间隔的时间也越长。此外，她还做了另外一个实验，魏女士当时有一个八岁的玩伴（现在是一位上校），他回忆道：魏女士让他搭建一个翻转装置，让水可以成股涌出。同样的，她先是看到装置翻转，然后才听到水声。她离翻转装置越远，看到装置翻转和听到水声之间的间隔就越长。她放心了，她知道无论是浅色乌鸦还是深色乌鸦的叫声，都和水流声一样，就像球一样从空气中飞过进行传播。

五岁的年纪就有这样的发现，实在是非同小可的成就。但是我们并不认为当时这个小女孩对测量声速甚至是声学感兴趣，这应该是一个循序渐进、顺利进行的过程。但不管她当时到底是怎么想的，当她系统地学过物理之后，她觉得非常无聊。

五岁的魏女士有感于当时的情景，做了一个正确的实验。而故事33里的小男孩只是站在原地等待，等着情景再现以确认他看到的惊人现象是真的，他并没有试着去改变他和火车头之间的距离。很明显，与魏女士相比，故事33中的小男孩对自己最后得出的结果显得更惊讶：虚无（指空气）应该可以起到阻碍作用。他可能压根没有产生过用球进行类比的想法。

35. 狗听到叫声

乌鸦试验已经过去很久了，但我始终想着声音传播的快速性。劳迪是一只年轻的牧羊犬，在草地上疾驰而去。佩恩叫它回去，但劳迪好像没有听见，它还是继续往前飞奔，劳迪和我一样不会故意不听话。那么声音到底去哪儿了？劳迪还在飞奔的耳朵竖了起来，现在我明白了：劳迪比声音跑得慢，声音追上了劳迪，从劳迪身后掠过它的耳朵；然后超过劳迪，跑到了它前面，直到声音慢慢减弱，劳迪听到声音。劳迪马上掉头往回跑，佩恩笑着把它带回起点，从头开始再来一次。

她认为，从劳迪身后传来的声音它当然听不到。声音掠过劳迪，但是它却接收不到声音信号。当声音不再继续向前传播时，劳迪才听见声音。

每个孩子，包括不少成年人都认为，这很正常，因为他们自己在奔跑的时候也有这种感觉，声音和光一样，在向前传播的过程中逐渐减弱，最后突然消失。他们认为，因为声音和光会变得越来越弱，那么站在特别远的地方的人就会接收不到他们发来的任何信号。

物理教师通常不再去思考这些显而易见的想法，他们以前也有过这种想法，但如果让孩子们就事论事地说出自己的所有想法，教师们还是很容易再次产生这样的想法。无论我们测量的是水流的速度，还是声音或光的速度，好像这些速度"保持不变"是理所当然的；我们就只是为了测量而测量，而不是为了判定速度的不变性问题。

飞石的速度取决于它自身，而振动的传播（水波、声波以及在光中传播的电磁交替指令都是以振动的形式进行传播）和飞石完全不一样。振动的传播速度是"介质"（水、空气、场）的固定属性。

　　声音在传播过程中逐渐变弱，其实并不是传播速度变小导致的，真正原因是声音会朝着各个可能的方向传播，不论是否有人站在那里听。故事里这个孩子认为，佩恩的呼叫声是对着劳迪发出的，那么声音就只会跟在劳迪身后传播，因此这个孩子并不会想到声音会传向陌生的远方，她只想到呼喊的是听话人。

10 假性运动和相对运动（视差）

36. 正在散步的树

爸爸的记录

阿恩希尔德（一岁七个月）在去多特蒙德的火车上说："树在那儿散步呢。"

阿恩希尔德看到了树的"运动"，就相信它真如自己看到的那样在移动，没有感到惊讶。

37. 树木回家

乌韦（三岁）和他的父母住在奥登瓦尔德。小村庄坐落在青草密布的山谷上端，山谷周围树木林立，将山谷与外界分隔开来。草地上长满了果树。

爸爸说："晚上乌韦可以和我们一起开车出去。"乌韦看着车窗外飞驰而过的果树，问道："天黑了，树林里的树就会走掉吗？是这样吗？"

虽然乌韦并没有产生怀疑，但他已经做出解释了，即使他不是从物理学的角度进行解释的。

父亲只是说："嗯，嗯！"他本可以对乌韦进行指导，但他没有这么做。他本可以说："但是树已经扎好根了！我们得停下来！你看，它们是站着不动的！"这时乌韦大概会想：

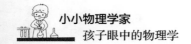

车突然停下来，这些树受到惊吓也停了下来，这不足为奇啊！他认为，树只在晚上才回到森林，森林是它们的家。它们回家，就跟爸爸妈妈晚上回家一样。

38. 月亮跟着走

爸爸的记录

本诺刚满三岁，有一次带他出去散步（那晚夜空明朗），他几乎是随意抬头看了夜空一眼，然后随口就说："月亮在跟着我们走。"——这是他针对这种奇特现象作出的一种论断吗？还是他针对这种现象提出的问题呢？又或者是他在向我们进行求证呢？

几乎每个孩子在很小的时候就对月亮产生了浓厚的兴趣，很多孩子两岁左右就会问："妈妈，为什么月亮总是跟着马库斯走呢？"（妈妈也不知道为什么。）本诺是不是已经慢慢习惯这种现象了？

39. 城堡跟着走

哥哥（大学生）的记录

我和我三岁半的妹妹在海德堡哲学家之路❶上散步，我把

---

❶ 海德堡哲学家之路，又称哲学之径，在海德堡内卡河以北，圣山南坡的半山腰上，是一条约两公里长的散步小径。因其风光宜人，又静谧适合思考，在历史上颇受教授、学者和哲学家们的喜爱，他们经常于此地徘徊，捕捉思想的灵感。——译者注

古桥、城堡和内卡河❶指给她看，我们沿着哲学家之路继续向下走的时候，她突然惊呼："城堡在跟着我们走呢！"

阿恩希尔德和乌韦只看到树的运动，准确说是看到树和树周围的东西都往后移动，而这个小妹妹和本诺一样，注意到了一些不一样的事情，他们发现城堡（月亮）跟着他们走。

我们知道这种现象是如何产生的：即使远处的事物在反向移动，它落在我们身后的速度也比近处的事物要慢，因此相对于近处的事物，远处的事物看起来就像是在跟着我们移动。

这一点更加引人注目，因此这个小女孩感到很震惊。城堡怎么可能跟着我们走呢？（这比月亮跟着我们走还要罕见得多，反正月亮是一个很神秘的物体，它离我们太远了。）内卡河地势低洼，更容易引起错觉：从近处看向远处，内卡河会给我们的眼睛造成干扰。目前孩子们只注意到了物体落在他们身后以及跟着他们一起走的情况，下一个故事里则有新发现。

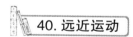

40. 远近运动

一名大学生讲述她三岁半弟弟的故事

从祖父母家回来的路上：

弟弟说："月亮在跟着我们走呢。树木朝着祖母家跑过去了。"

---

❶ 内卡河是莱茵河的第四大支流（次于阿勒河、摩泽尔河和美因河），位于德国的巴登－符腾堡州，长367公里。

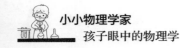

这个故事里，小男孩看到了两个物体，做出了两种描述，但他并不是从物理学角度来描述的。

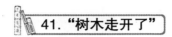

41."树木走开了"

魏女士的讲述

那时她还不到四岁。

我们外出度假，她坐在酒店阳台上。她的目光越过一片草地，她看到了森林的边缘："在那里，孤零零地站着一棵冷杉树。后面的森林里，耸立着一棵橡树。它们合为一体：冷杉树站在橡树正前面，几乎完全挡住了橡树，一直都是这样子。"

有一天她走在与森林边缘平行的路上，向森林望去，突然她发现："橡树不见了！"她吓得浑身冰冷，感觉好像这棵树和她自己都被连根拔起来一样。

她飞快地跑回酒店，没有再往树林里多看一眼：从酒店往树林里看，"一切又恢复正常了"。

后来她再一次去到那个让她害怕的地方，但这一次她没有让橡树离开自己的视线。她现在知道橡树是怎么慢慢从原来的地方消失的了，原来橡树并不是突然就不见了。

但是谜题依然没有解开，她虽然知道她自己也"加入了这场游戏中"，但是这并没有减轻这件事情给她造成的影响。

"这是怎么一回事，不得而知。"这种焦虑一直伴随着她，她只知道："如果我只是坐着不动，那什么都不会发生。"

这种内心的恐惧一定是非常强烈的。然而，按照科学的原则，我们该有条不紊地进行下列操作：

1.判断该现象是否"可以再现"（可重复）？——是的，可重复。（只是不满足条件："对每个人而言"。）但她没有任何证人。她从来没有征求过大人的意见，唯一的一次是她把狗纳入了研究范围（见故事46）。

2.保持连续性。自然、不跳跃，"原来橡树并不是突然就不见了。"

第1点和第2点可以令人安心，第3点则不能：

3.她自己也加入这场"游戏中"。这种现象是否"不可客观化"？这一点让人困惑，无法理解。

42.月亮里的人跟着走吗？

爸爸的记录

托马斯（五岁）跟爸爸一起散步，傍晚，平原上，松树。

托马斯："你看：月亮跟着我们走！"他使劲拉爸爸的手。"现在停下来了！"他欢呼雀跃地说，"你看呐，它停下来了！但是我不知道月亮是从哪里来的，爸爸你知道吗？"

爸爸："你看看森林里的树啊！"

托马斯："我什么也没看到！"

爸爸："这些树不跟着我们走吗？你往后面看看！"

托马斯有点生气地说："没有啊，没有树跟我们走啊！"

他又欢呼雀跃地说："树里面没有人！但是月亮里面有人，他会走路！"他热情洋溢地说："没错，我认为树没有腿，它们也不能走。"这时他若有所思地说："但是我还没有见过这个人。"他坚持己见："你看，这些树都不会跟着我们一起走。"他又拉住爸爸："现在月亮也停下来了。"他思考了一会儿："是风，是风让月亮动起来的，是大风！"

爸爸："但是根本没有刮风啊！"

托马斯："不是的！我们走路的时候，风就嗖嗖刮到耳朵里，就是风！"

在跟着人走这件事上，月亮胜过地球上一切事物。任何天际线，无论它们离我们多么遥远，与月亮相比，仍然是近在咫尺。月亮和我们之间隔着一道深渊，天际线都在这道深渊的最前面。与这道深渊的相比，内卡河谷的宽度根本不算什么。更准确地说，月亮距离我们是如此遥远，从中我们认识到，月亮可以完美地跟着我们同步行走，但地球上任何事物都做不到这一点。撇开月亮不谈，与托马斯对话也非常有趣，十分吸引人。

托马斯可能认为，月亮是一类人，有个人藏在月亮里，即"月中人"，所以月亮会走，就跟人会走一样。而树木里面没有人，就像他看到的那样。与故事37的乌韦相比，托马斯在尊重事实方面更胜一筹，他们都成长了。托马斯可能和故事1中的卢茨一样，认为月亮本来就是"这样行走的"。总之，托马斯似乎还是感受到了一点点物理学的气息，因为他在思考机械学方面的原因：风。思考过后他便仓促决定，选择了他感受到的"迎面吹来的风"作为原因，这倒也不足为奇。匆忙之下，他还没有意识到这种相对性：风是他自己制造出来的，这只是一种看起来像风的"风"而已。除此之外，方向也让托马斯晕头转向：迎面风一定是朝着月亮的方向往后吹的，但是月亮却跟着人往前走。尽管如此，有这样的想法还是非常好的：托马斯在这股风里发现了一些东西，他走多久，这些东西就可以吹多久。托马斯和风走多久，月亮就可以走多久。风可能就是一个中间人，它可以在这里，可以在远处，在任何地方都能刮起来。

托马斯产生怀疑、进行思考、做出改变（走动与停下交替进行），他将树木与月亮进行对比，他提出想法，从不可思议的思考（认为月亮里有人）逐渐过渡到物理学角度的论证（借用迎面风），说明他头脑灵活机动、在不断钻研。

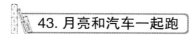

43. 月亮和汽车一起跑

爸爸（数学教授）的记录

我们的第二个儿子，如今已经五岁三个月了，他以后有可能会成为观察细致的科学家，也可能会成为诗人，下面是他的故事，绝对真实：

我们正准备上床睡觉的时候看到一轮巨大的镰刀月挂在空中，他说："哇，月亮看起来好像一张正在微笑的嘴巴啊。"

令我们惊讶的是，十分钟过后，月亮消失了（月亮低垂在空中，看起来很大）。我们都很好奇，没人知道这是为什么，

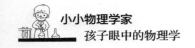

直到他突然叫道："哦，我明白了，我知道为什么了。汽车把月亮吸走了。是的，就是这样。今天下午我们和妈妈都坐在车里，我看得很清楚，月亮一直待在车子旁边，车子就像块磁铁一样。"

也就是说，汽车就像磁铁一样把月亮吸引过来，说得更准确一点，汽车吸引着月亮跟自己一起移动（事实确实如此，每个人都看到了）。而月亮消失不见，是因为汽车用这样的方式将它吸走了。

这个例子用来证明儿童提出看法时展现的聪明与机智不是很恰当吗？

事实就是如此，但这样的观点很容易被判定为愚昧、虚妄的言论。

当你开着车，月亮在天际线后面跟着跑，这就是一种体验。

只有在汽车行驶时月亮才会跟着跑，所以汽车是原因，尤其是它让人听到它的声音，知道它在努力，而月亮却像一条狗一样，默默地跟着跑。

现在月亮被吸走了，而我们的车却不在马路上？所以，它一定是被另一辆车吸走了，而这辆车也许正在树林后面的某个地方行驶。

这个孩子还没有注意到，但他很快就会注意到：只有当他自己坐在车上时，月亮才会被汽车吸着走；另一方面，即使人只是在步行，月亮也会跟着走。所以，月亮会跟着走与汽车完全无关，只与"我"有关，与"我"的运动有关，与"观察者"的运动有关。但这是怎么一回事呢？必须要有另一种更好的理论来进行解释。很多年后，孩子就会思考这个理论。

孩子经验的不完整性并不妨碍他们构建自己的第一个理论，也就是汽车理论。思考不等人！即使是我们的经验，成人的经验，研究者的经验也总是不完整的。我们深知，我们的理论总是暂时性的；我们构建理论就是为了去检验它。

44. 火车的左边和右边

小女孩（大概七岁）的姐姐（大学生）向我讲述了一个故事

姐妹俩一起坐火车。火车左边，近处树木林立；火车右边，远处山峦起伏。小女孩坐在车厢中央，一会儿看看左边，一会儿看看右边，她觉得很奇怪："火车左边开得比右边快多了！"她姐姐说，妹妹说这话并不是在说着玩，她很严肃。

小女孩知道，火车左右两边的运动都是"假的"，只是看起来如此。她也知道，从物理学角度来说，相对于一个固定的参考系，一个物体只能有一个速度，而火车好像有两个速度。小女孩仍然困惑不解、心情沮丧。如果她站起来，伸出头往左右两边车窗外看一看，她会发现左右两边花草和石头闪过的速度其实是一样的。然后她可能就会思考，为什么远处的事物比近处的事物移动得更慢。如果她去问大人们，他们可能会给出什么样的答案呢？

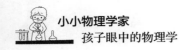

45. 插在中间的评语

第十小节讲述的所有故事有一个共同点：观察者始终在做直线运动，导致近处物体与远处物体之间存在视差，让观察者以为这就是他们看到的物体的真正运动。

下面要讲的两个故事稍有不同：第一个故事里观察者的运动是不连续的；第二个故事里观察者静止不动，外界立体的建筑群运动，相对来说和观察者在运动是一样的。对比观察近处与远处物体，可以得出相类似的结论。

46. 跳跃的手臂

魏女士的回忆

当时我才四岁。

我趴着躺在花园里，两只手肘窝放在前面，身后是青草和灌木丛。

我交替闭上左右两只眼睛，看到了一些令她惊奇甚至是害怕的东西：手臂在动，快速地来回跳跃，但她自己一点感觉都没有。

手臂真的在运动吗？

"我必须仔细观察一下，不能让手臂发现。"我想。我悄悄潜伏着，伺机而动，我慢慢闭上一只眼睛，另一只眼睛眯成一条缝，暗中窥探着：依然是这样！

我放一些小石子到手臂上，不是那种扁平的石子，而是圆形的浅色小石子。（就好比轻便的夏装都是白色、粉色、淡黄色、浅蓝色的，因为深色太沉重。）我觉得再轻微的运动也会让这些小石子掉下来，但是并没有。

我在想办法做更细微的试验时想起了我的好朋友——家里的小狗默默。默默的黑色毛发十分纤细，再小的风也能把它吹起来。我把自己的手臂压在默默身下，仔细看着它的毛发：什么也没有！它的毛发纹丝不动，默默的脸看起来也像是什么都没发生过。

物理学上将这种假性运动称为"视差"，通常用于拇指跳跃值测距，使用该方法测距时，手掌完全张开，让手掌与待测物体间隔较远距离。我们坐车时看见树木和月亮移动也是这个道理，但是这两者的运动是连续的：我们在移动的同时看到树木和月亮也在移动，看到它们从一个地方移动到另一个地方。但交替闭眼时就不可能出现这样的现象：物体首先是在这里，接着就到了那里，这中间没有连续过渡的过程。（这才是可怕之处。）

手臂本身感受不到运动，"观察者"——即这个孩子也没有运动。她身体里有两个观察者，左眼一个，右眼一个。看着手臂从一个位置直接跳跃到另一个位置，中间没有过渡。这真的很难，问题就来自这两种器官之间的矛盾：手臂没有快速移动的感觉，但眼睛却看见手臂在移动。

由于孩子不了解手臂跳跃现象的光学特性，她试着将手臂来回移动这一现象归入力学领域，然后把石头放在手臂上面进行实验。显然，她很了解惯性，即每个物体都想留在原来的位置保持不变。所以如果手臂真的在运动，小石子很可能不会跟随手臂一起运动，它肯定会掉下来。而圆形小石子容易滚动，

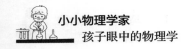
这与"摩擦力"有关。

第二个实验就不一样了：默默重重地压在她的手臂上，不断挤压手臂。她通过给手臂增加重量，来增加手臂移动的难度，甚至可以使手臂无法移动，如果手臂发生移动，默默的毛发一定会随着气流飘动。

这两个实验都说明了手臂不可能发生移动。但是接下来怎么样了呢？仍是一个未解之谜。

成功进行了准确而不可思议的思考：用手臂做物理实验，它能注意到观察者的锐利目光。

47. 秋风中的落叶

魏女士的回忆

当我还是个孩子的时候，我在森林里，面向秋日的蓝天，看着闪着金光的山毛榉树叶纷纷飘落下来，有一个现象我觉得很奇怪，"近处的树叶嗖嗖地从我面前掉落，而远处的树叶却在慢慢飘落"，并不是相反的情况：远处的落叶快速飘过一段较长的距离，近处的落叶慢慢落下。

因为前面没什么空间了，后面却有很多。

她从自己身上找原因：她当时在场看着树叶落下来，是不是它们就跟鸟差不多？如果人睁大眼睛近距离看着它们，它们也会飞走。那么小树叶肯定比大树叶更害怕，所以它们逃得更快。她的眼睛随小树叶和大一点的树叶一起移动，但发现没有太大区别。只要人长时间静悄悄地站着不动，闭上眼睛，那这些树叶肯定不会再害怕了，它们会变得温顺听话。她这样做了，但是落叶没有什么变化。

很长一段时间她都感到困惑，直到她七岁那年。

当时的她还认为万物皆有灵，也就是说她还没有区分有生命和无生命的物体（也正是这一点使得物理学取得了突破），因此，她并没有将自己排除在外，这也是物理学家试图做到的，她从事物与自己的关系中找原因。

在寻找原因的过程中，她像行为科学家一样有条不紊地处理问题。她与其他生物（鸟儿）进行类比；她通过比较（树叶和鸟儿，近的和远的，小的和大的）和变化（站着不动和走动，睁着眼睛和闭着眼睛）提出看法（假设），进行检验，最后全部否定。

她是什么时候放弃这种想法，"正确"地解开了这个谜题，她已经记不清了，只记得不是在学校里。

48. 结束语

从物理学角度看，本小节的故事属于几何光学范畴。但是显然有很多孩子，甚至可能是所有的孩子都在思考本小节提到的问题，却没有人为他们解答这些问题，哪怕在学校里也没人告诉他们答案（可能用拇指跳跃值测距时除外），所以几乎没有成年人知道为什么月亮总是待在一旁跟着人走，其实它与运动❶这一现象有关。

---

❶　在物理学中，运动是指物体在空间中的相对位置随着时间而变化。讨论运动必须取一定的参考系，但参考系是任选的。运动是物理学的核心概念，对运动的研究开创了力学这门科学。——译者注

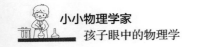
11　液态物质

49.覆盆子汁可以是方形的吗?

一个五岁的小男孩站在一个装满覆盆子汁的方形瓶子前出了神,我们可以想象一下他在自己眼前转动瓶子,自言自语的场景。

妈妈直接把他说的话记录了下来(破折号表示他说话时的停顿):

"如果瓶子是圆形的,那么果汁就是圆形的。——果汁的形状取决于瓶子的形状。——如果瓶子是方形的,那么果汁也是方形的。——瓶子里装满了果汁。"

在这个故事里,孩子通过瓶子轻轻地来回晃动就会获得新的认识,然后像书里写的那样用一句话总结这种认识:液体呈现出和容器相同的形状。

我们成年人很快就会忘记这一点:即使是这样一个在我们看来微不足道的说法也源自某种讶异。在这个故事里,当问题"覆盆子汁可以是方形的吗"出现时,我们再次察觉到了这一点。果汁看起来就是方形的,他又从瓶子里面往外看,但这不是与它可流动的性质相矛盾吗?在瓶子里,果汁变得有棱有角,受到束缚。果汁的形状"取决于"瓶子的边缘和表面,取决于"容纳"它的"容器";果汁没有自己的形状,但它可以"呈现出"任何形状。

这个小男孩可能还没看出来，迫使果汁的形状发生改变的并不单单是瓶子，果汁的重力也在起作用，果汁被压在瓶子里，直到"瓶子里装满果汁"。

50. 水里的水滴

根据妈妈的讲述，五岁的小男孩玩了很久的水，他突然问道："妈妈，为什么我看不到水里的水滴啊？"

这时候他可能在想什么呢？他可能在想：从水里洒出来的东西，之前一定在水里。被锤子敲碎的石头和被切开的面包，都来自原来完整的石头和面包，这一点显而易见。但水不一样，它会自动分离，会破裂开来，会洒出水珠。而且，在水里面根本看不到任何东西，看不到细节，看不到水的组成部分，但它却可以把组成部分从自己身上分离出去。如果水有组成部分，那就一定是水滴。从外面可以看到水滴，为什么在里面却看不到呢？

大人们会怎么回答他呢？他们可能会建议他撤销分离，也就是说将这滴水重新滴入水中。即便如此，水还是和石头不一样，因为石头破碎后不能再恢复成原来完整的模样。水能做到的事情，石头做不到。水不需要借助其他任何东西就能重新接受它之前失去的东西并将其融为一体，就好像什么都没发生过一样。如果这个小男孩把水滴像鱼一样放回水里，他也可能会产生这样的思考。水滴消失了，现在要不要用一滴覆盆子汁来试试呢？水滴为他揭示了一些道理，让他了解到液体的其他性质。

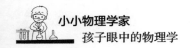
故事49和故事50里的孩子都在钻研液体的性质，而下一个故事里的孩子则注意到了物理学上所说的"浮力"。

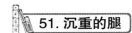

51. 沉重的腿

妈妈的记录

尤迪特才两岁的时候，她就在洗澡的时候发现：当她把腿从洗澡水里伸出来的时候，"我的腿变得好重"。一开始我并没有试着向她解释原因。

她四岁的时候有了一只洗澡洋娃娃："娃娃洗完澡后也变重了。""洋娃娃身体里面都是水，可能我洗澡的时候身子也进了水。"

过了一段时间，她觉得不对劲，她发现自己洗澡的时候身子不会进水。

现在她已经十岁了，她仍然在思考她那沉重的腿是怎么一回事。

这件事一点也不简单。卢梭在《爱弥尔》一书中用凝练的语言对这一现象做出了错误解释：这就是大气压！

52. 鸭子

爸爸的讲述

卢茨（故事1、故事11、故事12b的主人公）三岁半，在浴缸里洗澡，他坐在水里，把塑料玩具鸭按到水底，鸭子马上又浮到水面上，他高兴坏了。他问："妈妈，为什么鸭子又跳得这么高？"妈妈还没有回答他，他就自言自语道："水立刻就把鸭子抬起来了。"

这个故事里卢茨发现鸭子从水底浮到水面的变化出现的时间非常早，但他可能还没有从泛灵论的思维转变为物理思维，有物理思维的人会认为水肯定会产生浮力。大概卢茨还停留在泛灵论的思想疆域里，他只考虑到底是"谁"使鸭子快速浮至水面。比他再大一点的孩子可能会认为鸭子是活的，只要它想，它自己就会浮起来。在卢茨看来，水是有生命的，足以让人相信它是有意图的。也许是因为卢茨蹲坐在水里，他感觉到水让他变轻了，水想把他抬起来。

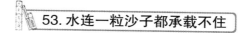

53. 水连一粒沙子都承载不住

何先生的回忆

九岁的时候，我问我自己，为什么一粒沙子在水里会沉下去，而一艘巨大的船比沙子重得多，却能浮在水面上，那时候我给不了自己一个满意的答案。

一个九岁的孩子光靠自己也解答不了这个问题，但是这样的问题说明了有必要尽早开始物理教学。

现在的成年人里很少有人知道这个问题的答案是什么，即使他们还记得与之相关的"阿基米德定律"，也给不出任何具体的解释和说明。

这个问题迫使我们继续追问，水面和桌面发挥"承载作用"的方式是否相同，这就引出了液体的性质问题。

接下来的两个故事都涉及空气。

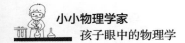
54. 矿泉水

爸爸的讲述

卢茨三岁，看着矿泉水瓶里的气泡往上浮："瓶子里倒着在下雨！"

他说得有道理，说"倒着"有两个原因：一是因为他看到的是气泡在水里运动，而不是水滴在空气里运动；二是因为气泡在上升而不是下降。

55. 洗瓶里的压力

洗瓶❶里装着半瓶水，瓶塞上插两根向外弯曲的玻璃管，其中较短的玻璃管插入瓶里的空气部分，接近水面，较长的玻璃管插入水里，接近瓶子底部。往较短的玻璃管里吹气，较长的玻璃管里会有水出来。

爸爸用这样的洗瓶喷了一层石膏。五岁的汉内斯盯着看了一会儿，然后突然说："对吗？"又说了一遍："对吗？"爸爸说："汉内斯，到底怎么了？"汉内斯说："你把空气吹进

---

❶ 洗瓶是化学实验室中用于装清洗溶液的一种容器。

去，空气不知道要去哪里，它就把水挤出来了！"

可以看出来，汉内斯认为空气到处在寻找可能的出口。"压力"这个概念开始形成：压力是一种张量，没有确切的方向，但是它在任何方向都能产生作用（压力）。

56. 云朵发现山脉过来了吗？

爸爸的记录

马丁十二岁，还没有学过物理，在学校里，他的地理老师告诉他，当云层中的水汽上升并冷却，就会形成降水。此外，当云朵在山脉前被迫抬升时也会形成降水。马丁很快就明白了，云朵上升、冷却，又会变成水。但是问题就来了，这个问题让他自己比较尴尬，也难住了我："我只是不明白，云朵是怎么发现山朝它走过来了，然后它不得不往上走呢？"

显然，他是从力学角度来思考的，力学中的物体通常在空旷空间里运动并且具有明显区别，而云朵看起来可能就是这样，它们像石头或飞机一样飞向山脉，但是它们从远处就"感受"到了山脉的存在吗？山脉是如何及时告诉云朵，它会挡住去路的？云朵又没有眼睛，然而云朵一定能感觉到山脉在向它靠近，否则它们就会相撞。

云朵通过另一股空气的影响，感受到了山脉的存在，这股空气抢在云朵之前先抵达山脉。云朵随风而动，就像游泳者在水中漂浮，小船在溪水中航行一样。如果这个十二岁的孩子看

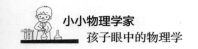

到过这些场景，或者最好是他有过在水上漂浮的亲身体验，当水和风同时出现在他的脑海里，当他完全意识到空气几乎就是和水差不多的东西，就像"水里的水"一样，那么他就会明白这一切，其实就跟水把他推向桥墩是一个道理，但他面前的水必须先绕开桥墩，他自己的泳衣必须紧跟着他面前的这些水：水流将他推向桥墩。

这里打开的是进入连续性世界、流体动力学世界的大门，对于一个十二岁的孩子来说，只要稍微给他一些帮助就能让他轻松通过这道大门。孩子对远处好像受到控制的云朵感到惊讶，这让我们注意到流体的特殊性：流动物质的每一部分都能"感受"到其他所有部分，对某一部分进行干预就可以使整体发生改变，这一点对于小男孩们来说完全不陌生，因为他们都喜欢在溪边玩耍。

为什么非得要孩子这么晚才开始学物理，而且是按部就班地学？为什么不早一点让他们接触物理，非得等到他们发现令人惊奇的现象之后呢？

12 热能

那是一个炎热的六月天，一个快两岁半的小女孩和她妈妈坐在刚刷过漆的绿色长椅上晒太阳。她们在等电车，妈妈在忙活些什么。除了我，没有人注意到她们，小女孩完全不知道我在看她。

小女孩神情严肃、专心致志，用同样的方式不断重复着同一个游戏：她将右手手掌心紧贴在绿色长椅上，静静等待着，就好像在听谁说话一样，然后她突然被吓一跳，快速将手抽走，显然她是受不了椅子的热度。她像个苦行僧一样克制着自己，忍耐到最后一刻才放弃。滚烫的右手现在躲到了她冰凉的左手中，左手紧紧握住了右手。过了一会儿，游戏又从头开始。

这个小女孩沉浸在游戏中，不断地重复，就像玛丽亚・蒙特梭利❶讲述的那个孩子把木塞反复插入匹配的孔里一样认真。

这种面对即将到来的炎热和甜蜜的惊吓发起的挑战，难道只是一种不断重复的快乐吗？也许吧。

---

❶ 玛丽亚・蒙特梭利：意大利幼儿教育家，蒙特梭利教育法的创始人。她的教育方法是根据她在与儿童工作的过程中，观察到的儿童自发性学习行为总结而成的。她倡导学校应为儿童设计量身定做的专属环境，并提出了"吸收性心智""敏感期"等概念。——译者注

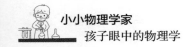

但也有可能是：在用左手给右手降温的过程中，小女孩仍然非常专注，这说明她已经在思考"热能是怎么产生的，又是怎么消失的"。这个游戏可能在小女孩的脑海中打下了某种基础，许多概念以后都将在这个基础上产生，例如"热质"（每个孩子和以前的物理学家都相信这个说法）"热传导""热容量"以及包括"任意的可重复性"在内的"实验"规则（参见故事59）。如果以后孩子们上的物理课能够与他们早期的这些探究活动建立某种联系，那上述这一点就是确定无疑的了。

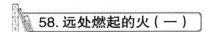

58. 远处燃起的火（一）

爸爸的记录

点燃一支蜡烛，燃烧的蜡烛竖直放置，第二支未点燃的蜡烛水平放置，使其烛芯高于第一支蜡烛的火焰一指宽。第二支蜡烛在很短的时间内也开始燃烧，尽管它的烛芯并没有伸入第一支蜡烛的火焰中。

孩子们（六岁六个月的贝蒂娜和三岁十个月的卡米拉）都看入迷了。我妻子一遍又一遍地演示这个实验。卡米拉问："火是从空气中来的吗？""火是用空气做的吗？"

贝蒂娜也很吃惊，但还有一件事引起了她的注意。过了一会儿，她问道："为什么火焰总是朝着天上燃烧？蜡烛直立的时候，火焰向上燃烧；但当蜡烛横放的时候，火焰依然向上燃烧，为什么呢？"

　　如果把第二支蜡烛的烛芯伸入第一支蜡烛的火焰中将其点燃，孩子们肯定不会这么惊讶，但是烛芯与火焰之间隔着一段距离也能燃烧起来，这就让她们觉得不可思议。（磁铁也有着相类似的性质，但是磁铁产生作用的方式要神秘得多，磁铁可以让放在远处的铁运动起来并使之具有磁性。）

　　卡米拉年纪小一点，她在寻找这中间的媒介物，她认为火焰"来自空气"。可能她觉得火焰是从第一支蜡烛这边过去的。她还有另一种说法"火焰是空气"，准确说是"火是用空气做的"，意思就是：空气发生了某种反应，变成了火。卡米拉还在摸索的途中，贝蒂娜比她大一点，已经能够深入思考了。她发现，只有当未点燃的烛芯处于火焰上方时才能隔空被点燃，她知道这是为什么。因为火焰是向上燃烧的，横放着的蜡烛被点燃后，她就明白了这一点。另外，她说的不是"向上"这个词，而是"朝着天上"，和希腊人的说法一模一样。希腊人认为天空是火焰的发源地、是火焰的故乡。火焰属于天空，火焰向往天空。

　　如今我们知道火焰朝上燃烧的真正原因是什么，其实火焰根本不想朝上燃烧，但它又不得不这样做，中小学生都知道这一点（也许吧？）。如果他们能像开普勒❶说的那样知道并且理解这一现象，那就太好了（不急着用模糊的专业词汇，例如

---

❶　约翰尼斯·开普勒：德国天文学家、数学家与占星家，他发现了行星运动三大定律，分别是轨道定律、面积定律和周期定律。这三大定律最终使他赢得了"天空立法者"的美名。同时，他对光学、数学也做出了重要的贡献，是现代实验光学的奠基人。——译者注

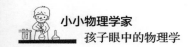

浮力、被排走的空气、阿基米德定律等）："火焰并不向往冲向天空，它是想躲避空气，空气比火焰重得多。"

但是很长一段时间内，贝蒂娜和卡米拉还不需要知道这些，因为她们短时间内根本理解不了这些原理。

59. 烤苹果里的热质

瑞士一位爸爸的记录

我觉得，我们八岁的儿子克里斯托弗在从事物理学研究：不久前我们出去郊游时烤了苹果，苹果的汁液沸腾蒸发。他说："现在苹果变轻了！"认真思考了一阵过后，他说："不，苹果还是和之前差不多重，虽然汁液和空气跑出去了，但是热量跑进来了！"

又是"热质说"❶，这一学说已经过时了。很多事实都证明有热质的存在：存在这样一种物质，虽然它没有任何重量，但它可以填满某个空间、可以移动、可以分散、可以变稀薄，这就是热质。（克里斯托弗可能会查证这一点，这就需要进行测量。）但是"电"也没有任何重量，它是由一个一

---

❶ 热质说是一种错误和受局限的科学理论，曾用来解释热的物理现象。此理论认为热是一种称为"热质"的物质，热质是一种无质量的气体，物体吸收热质后温度会升高，热质会由温度高的物体流到温度低的物体，也可以穿过固体或液体的孔隙中。热质说可以解释一些热的现象，不过无法解释一些只要持续做功就可以持续产生热的现象（如摩擦生热）。19世纪中期，热质说被机械能守恒取代；之后，热质说仍然在许多科学文献中出现，一直到19世纪末才消失。——译者注

个的粒子组成的，以至于我们得用"电荷"来描述它，物体表面，例如，马车上的干草就会有电荷。（老师可能会说：不对，不对，电是一种"物质"，它有重量，只不过它很轻很轻。）可是太阳的热量作为一种物质是怎么样穿过空荡荡的大气层来到我们身边的呢？——在人们摒弃这种物质之前，这是一个漫长而激动人心的故事，但是现在我们不得不以完全不同的方式再次相信这种物质的存在，因为我们知道，热的东西还是会稍微重一点点，这跟克里斯托弗的看法相类似，但又完全不同。

60. 远处燃起的火（二）

妈妈的记录

马上就快十岁的小女儿记得火柴不需要触碰到烛芯，就可以将刚刚吹灭的蜡烛再次点燃，但是她不知道为什么会这样。她的姐姐们（十三岁和十四岁半）证实了这一点，她们也有过这样的经历，异口同声地说是因为"蜡烛周围还是温热的"，所以才会出现这样的现象。小妹和她的姐姐们不一样，姐姐们坚持己见，但小妹却想再次进行验证，重新观察。她拿来几支蜡烛，将它们点燃、吹灭、又点燃，她观察着距离蜡烛多远的位置可以将其再次点燃，就这样一遍又一遍尝试了很多次。姐姐们则坚持她们的看法，认为蜡烛周围的热量是重新点燃蜡烛的根本原因。在这期间我问过她们，她们在学校里有没有单独点燃过烛芯，回答是没有；问她们有没有用火柴单独点燃过蜡，回答还是没有。小女儿听到了这番对话，马上照做，得到了相应的结果。然后她又开始将蜡烛点燃又吹灭，最后突然很坚定地说："现在我知道了，蜡烛熄灭之后再次开始燃烧的是蜡烛上方的烟。"姐姐们惊呆了，她们也承认："如果蜡烛上方没有烟了，那这个实验就做不下去了。"

很肯定的一点是，小女儿至今没有上过一堂科学课，却凭一己之力找到了科学研究的正确方法。而她的姐姐们已经学过了了不起的物理定律和浮夸的化学定义，却不知所措，她们还不习惯被问题推动着、刺激着，去做实验，去解决这些问题。

从小女儿身上可以观察到的是：她没有提出什么神秘而荒诞的假设，只是在对事实感到惊讶过后冷静观察、得出结论。

说得再严重一点：姐姐们不仅仅是不习惯，她们更有可能是根本就没有这种习惯，事先已有的推测让她们觉得没必要再进行验证。

（最好是在蜡烛的烟雾开始垂直飘散的时候再将火柴从上往下靠近烟雾，此时会"蹦出"1厘米以上的火焰。）

13　光

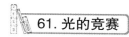

61. 光的竞赛

魏女士回忆 1910 年前后那段时光写下的记录（当时她十一岁）

我们家有了电灯。当我第一次打开灯时，我震惊了，灯光盖住了洒在我床上的月光，这时完全看不到月光了。

当一片云彩从月亮面前经过时，月光就像一只老鼠躲进青苔里一样，遮遮掩掩，但它还是在那里，还是在灯光下面亮着，静静等待着。

当我们拿着蜡烛或煤油灯蹑手蹑脚地绕着它走，它还是会待在原地不动，只是会变得更黯淡一些。当烛光落在一半被月光照亮的白色床上时，这一半变成了淡黄色，而另一半，在月光与烛光交汇的地方，变成了蓝灰色，月光一直都在那里没有动。

但电灯的光彻底盖住了它，是不是因为这冷光来得太突然，让月光抵挡不住呢？但是慢慢变亮的烛光和煤油灯光落到月光上时，月光可以跟它们融为一体。又或者是因为电灯光布满整个房间，让月光无处可藏呢？还是因为电灯光太过明亮，以至于无法看清藏在它下面更柔和的月光，尽管月光可能还在灯光下面？

当我关掉电灯，月光又慢慢回来了。这还是跟之前一样的月光吗？又或者是月亮在这个地方重新洒下的光呢？

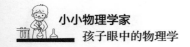

　　这个故事没有提到"光线"一词，光线不是实际存在的事物。各种各样的光洒在某个地方，彼此交汇，对此还存在着很多问题和可能性。

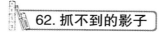 14 影子

 62. 抓不到的影子

爸爸的记录（同故事 3、18、29）

乌韦（一岁三个月）靠墙站着的时候，他试图去抓住自己的影子。

63. 投影

爸爸的记录（同故事 17、18、29、62）

福尔克马尔（两岁三个月）看到床头灯将妈妈的影子投射到天花板上："那里，天花板，妈妈，好大的妈妈，天花板。"

这个故事并不能说明福尔克马尔已经发现了影子与灯之间的联系，但他很可能发现了妈妈与她影子之间的关联，他可能是同时观察了妈妈和她的影子，发现它们会一起移动。

64. 抓不住的影子

魏女士的讲述（那时候她还很小，刚学会走）

我还清楚地记得，我当时是怎么发现了一些原来我不知道的东西。我在我家花园里一块光滑的灰色石头上看见了草丛的小黑影，但是当时我并不知道那是影子。我把石头拿起来：石

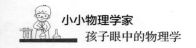

头上空空如也，影子不见了。我很吃惊，又把石头放回原处：影子又回来了！我又试了一次，把石头拿起来，影子又不见了！接着我做了一个实验：我把石头放下（影子又回来了），接着我用双手掐住石头，就好像有条毛毛虫在上面一样，我把石头拿到很远的地方，然后透过手指缝小心翼翼地观察：影子又不见了！当时我直接放弃了，我并没有注意到我身旁的草丛，直到后来我才明白这一切是怎么回事。

这个故事只与"守恒"有关。某个东西"消失"，却看不见它"去了哪里"。孩子年纪太小，还不能敏锐地"观察到"影子从缓慢举起的石头上向下滑落的过程，但是她做了一个实验，就和故事34中她看见乌鸦时是一样的反应，这是一个神奇的实验：她用两只手握住石头，就好像"抓住了"石头上那个陌生的东西，在我们看来，这样已经足够了，但是她还不满足，她觉得这块石头有点奇怪，想把它带到一个安全的地方，想带它离开原来那个可怕的、会被人盯着看的地方。

65. 擦不掉的污渍

魏女士的讲述（在意大利海滩上发生的故事）

一个大概三岁的意大利小女孩，手肘紧紧夹着一个大皮球，她的手张开着，手指的影子落在光亮的弧形球面上。

小女孩试图用另一只手擦去球面上的影子，但只是徒劳。"我要把它擦干净！"小女孩站在我面前，语带哀怨。

我把我的一只手放在皮球下面，另一只手将小女孩保持不动的手臂移开，她看到影子消失了，便问道："不见了！去哪了？"她呆呆地看着空空如也的球面，自言自语："为什么呢？"

"影子是太阳留下来的。"我告诉她，手指着太阳，然后又指着沙滩上我的黑色影子。

她若有所思地围着我打转，皱着鼻子，眯起眼睛，一会儿往上看看，一会儿往下看看，她朝着太阳的方向把皮球和自己的脚伸过去。她转过身，发现自己的影子可以动。"停在这里！"她很严肃地说，还用石头给影子造了一个笼子。但是影子不听话，像只乌鸦一样随着小女孩摆动。这时小女孩让影子跟着她走，慢慢走向一根木头柱子。在那里她找到了她要找的东西：一个坚固牢靠的影子。

她大声喊道："我明白了！"声音甚至盖过了远处的海浪声，她蹦蹦跳跳朝我和她的皮球跑过来，眉头舒展开来："我明白了！"

从这个故事中可以明白以下几点：太阳、手和影子三者在一条直线上；物体的影子是太阳投射出来的；物体的影子会始终跟随物体移动。

要得出这些结论需要多看、多做、多想。小女孩在魏女士的帮助中明白的唯一也是最重要的一点是：影子和太阳有关，其他的结论都是小女孩自己得出来的，也难怪她这么开心。

但是关于影子与太阳的关系，还有一部分没有被发现，下一个故事会讲到。

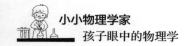

要是没有魏女士的帮助，这个意大利小女孩很可能要再等上一段时间才能有这些发现，就和下一个故事里的阿恩希尔德一样。

66. 一会儿在前，一会儿在后

爸爸的记录（同故事 17、18、29、39、63）

阿恩希尔德（五岁八个月）晚上和奶奶一起出门，他很好奇为什么他们在路灯下的影子一会儿在他们前面，一会儿在他们后面。

这个故事里的主角不是太阳，而是好几个路灯排列在一起作为光源，这更加令孩子感到疑惑。

即便孩子认识到了影子与太阳的关系，他也仍然需要学习物理学，彻底弄清楚原理。

67. 转化

妈妈的记录

七岁的约翰内斯说："阳光从一个人身上穿过去，从身后出来的就是影子。如果没有阳光，也就没有影子。"

对于约翰内斯和物理学家而言，影子并不是什么消极负面的事物。约翰内斯只是把影子看成一种"没有"光的存在，他认为影子是与自己极其相似的黑色的人。约翰内斯正走在物理之路上，他认识到了影子与阳光的关系，但是比起阳光被遮挡，他更相信阳光转化成了影子。

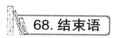

68. 结束语

　　要弄清楚影子从哪里来远比成年人认为的要难得多。想要了解一种花，仔细观察这种花就足够了，但是想要了解影子的话，只观察影子是不够的。我们不能只是呆呆地看着，必须环顾四周。发现影子、投射出影子的物体与阳光三者间的联系是十分重要的，这三者之间最开始"彼此没有关系"，即使它们处在一条直线上，也可能相距甚远。如果这个物体就是"人本身"的话，那就很难跳脱出来，客观公正地看待这个问题。

　　理解就意味着发现彼此之间的关联。"结构化理解"必须取代"零敲碎打式的细致与谨慎"。**松弛、灵活的目光才是产生"创造性思维"的前提，而不是呆滞凝视的目光。**

　　我们的几何光学教科书上凡是讲到影子的地方，都会画出"光线"。但光线并不是一种"现象"，它只能算是一种对我们有用的发明。"光线根本不是'线'，它是人为构造出来的一种抽象概念，充其量就是为了用最简单的方式来描述光这种现象。"歌德如是写道。而现代物理学家斯蒂芬·图尔敏称光线是"新颖"并且"具有变革性"的概念。除了在图片里用黑色线条画出来以外，其他情况下我们是看不到光线的。

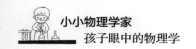
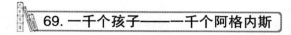

15 镜像

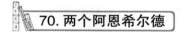

哥哥（大学生）的记录

阿格内斯两岁到两岁半期间，发现了一个双门柜子，柜门上各装有一面镜子。当我们叫她吃饭的时候，她的头还放在这两扇活页门中间，她说："我还得看看这些小孩们。"之后只要镜子里有人像，她就会称其为"另一个阿格内斯"。

爸爸的记录（同故事 66）

阿恩希尔德（两岁一个月）照镜子："两个阿恩希尔德。（她指着自己和镜子里的像）"

71. 颠倒

爸爸的记录（同故事 70）

福尔克马尔（两岁三个月）看着茶几玻璃面板倒映出邻居的房子："那有一个倒过来的房子。"

72. 镜子后面

爸爸的记录（同故事 70）

阿恩希尔德（两岁十个月）在自己面前放了一块面包，她在面包前面放了一块小镜子。她津津有味地看着镜子里，试着用手从镜子后面把面包拿走。

73. 往后面走多远？

妈妈的记录（同故事 10、12）

康拉德（五岁九个月）拿着一个调味汁的罐头盖子，他把它当成镜子在照。"妈妈，你觉得镜子里的我离盖子有多远啊？""你的像就在盖子里呀。"他笑了："我知道，但是我在问你你觉得有多远。我知道了，镜子里的我离盖子后面的距离和我离盖子前面的距离是一样的。"

74. 注释

不需要详细作注。认知的进步以及观察的准确性体现得十分明显，康拉德的故事告诉我们他是一个极富天资的人。

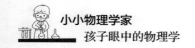

16 欺骗眼睛的水（折射现象）

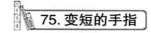
75. 变短的手指

妈妈的记录（同故事 51、60）

三岁的尤迪特整整半年都在浴缸里研究自己看起来变短的手指。她纯粹是觉得很好奇，手指来来回回地在水里伸进伸出，同时一直观察着它们。我没有试着向她解释这种现象。

四岁的时候她在游泳池里观察到"她的腿变短了"，又是一个结论而已。

76. 水里的杯子，这么小吗?

妈妈的讲述（同故事 49）

四岁的小男孩看见洗碗槽的水里放着一个他很熟悉的杯子，他把妈妈叫过来："看哪，杯子突然变小了很多哎？"其实他是想说杯子变矮了。他用"突然"这个词，是因为他之前根本没看见杯子有任何变化！现在他试着把杯子从水里拿出来，杯子又恢复了原样；他又把杯子浸入水里，杯子又变矮了！反复试验，结果都一样。

他看到了一些奇怪的现象，而杯子仍和往常一样没有变化；杯子也不是用橡胶做的。他仔细观察着，然后做实验，并且不断重复这个过程。和坐在绿色长椅上的小女孩一样，和蒙特梭利笔下的孩子一样，和物理学家一样，他对"任意的可重复性"进行了检验。而现象的"客观性"必须由其他人来证明，所以他把妈妈叫过来，问她是不是也看到了相同的现象。

这个故事并未说明小男孩是怎样进一步思考的。父母们通常不会花时间观察这些不起眼的现象，更不会马上将这些现象记录下来。多多了解孩子们这种自发进行的研究活动是很重要的。思考过后，他认为"水就是原因"，水必须"负起责任"，他可能根本没想到"光"这个概念，因为"看得见"对他来说完全不是问题。即使"光线是从杯子那里发出来的"，传到眼睛里还有一段距离，较长的距离就导致"折射定律"的产生。了解折射定律当然很好，但是保持和这个小男孩一样敏锐的洞察力更为重要，如果两者兼具，那就是锦上添花。

他可能会问自己，杯子是不是"真的"变矮了？然后我们可以跟他说："我们要不要用直尺量一下呀？"这种情况下还是建议引导他测量一下，但是测量又会遇到问题，因为尺子也会和杯子一样产生折射现象，归根结底，这些现象都得归因于水。

77. 刻度线也一样

魏女士的回忆

当时她大概四岁，斜视着500毫升量杯，她知道量杯内侧有黑色刻度线，从杯底到杯口等距分布。量杯中装半杯水，上三根刻度线位于水面上方，下两根刻度线都浸在水中，她发现浸在水里的两根刻度线间距变小了，而水面上方的刻度线间距不

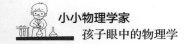
变。当时她是这么解释给自己听的：水面以下的两根刻度线受到了水的挤压，间距变小。而水面上的刻度线没有受到水的影响，它们深吸了一口气，间距不变。人吸气之后会变大。

这种观察是正确的，她将泛灵论与自身经历相结合进行类比和解释。

78. 滤网里的浮萍

妈妈的记录（同故事 10、12、73）

康拉德（五岁十个月）拿着我的滤网，网孔直径约3毫米，他让水流过滤网，发现有一些孔里的水结成了一层薄膜，他仔细观察着，兴奋地大叫："看哪，这些全都是小镜子，从这里面看任何东西都很小。看这里，洛尔乐在里面好小啊，在那里也是，还有那里也是。"过了一会儿又说："它们不是镜子，要不然我也可以看见自己，它们更像照相机。"

17   由什么构成?（化学）

79.月亮的成分

爸爸的记录（同故事 72）

乌韦（两岁十一个月）问道："月亮到底是由什么构成的呢？"妈妈说："你觉得呢？"乌韦回答说："它是由太阳构成的吗？"

他的想法肯定和我们掌握的知识不一样，那既不是化学知识（所有的天体都是由相同的多种元素组成的），也不是物理知识（昏暗的月球在阳光照射下会发光）。乌韦认为很有可能是一种光物质构成了太阳和月亮。

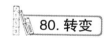

80.转变

妈妈的记录（同故事 5、26、38）

我们去火车站接爸爸，买了一张站台票。洛伦茨（三岁半）往售票机投入两枚十芬尼❶硬币，机器发出一阵轰鸣声，车票掉落下来。洛伦茨诧异地看着车票："车票是从硬币变过来的吗？"

他虽然很惊讶，但是也没有我们想象得那么惊讶。他觉得硬币变成车票是有可能的，这对他来说并不陌生。

---

❶ 芬尼是德国老旧的货币，从九世纪使用到2001年12月30日为止。

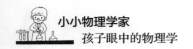

81. 转化

爸爸的记录（同故事 79）

阿恩希尔德（四岁半）："妈妈，牛奶从你的上面（嘴巴）'进去'，又从那里（指着妈妈的胸部）'出来'。"

有一次她问："奶牛到底是从哪里取奶的啊？"妈妈说："如果它们吃很多草，就可以有很多奶。"阿恩希尔德："草里面根本就没有牛奶。"

四个月过后。

阿恩希尔德："牛奶到底是怎么做出来的？"妈妈："牛奶不是做出来的，我们只需要给奶牛挤奶。"阿恩希尔德："那奶牛的奶到底是怎么做出来的？"妈妈："它们喝水、吃草。"阿恩希尔德："它们的肚子将草和水搅拌在一起，然后就变成牛奶啦？"

阿恩希尔德的进步很明显，他认为不论牛奶出现在什么地方，它一定是以同样的形式从另一个地方进去的，在妈妈身上是如此，但在奶牛身上并非如此，因此他认为奶牛身体里发生了转化的过程：草和水充分混合并搅拌，然后进行转化，变成牛奶，这就和我们在厨房里、在最原始的化学实验室看到的转化过程一样。

提图斯·卢克莱修·卡鲁斯（约公元前50年）："虽然雨已经停下，但绿油油的秧苗还在生长，吃饱喝足的牛群们垂着沉甸甸的大肚子，坐在开满鲜花的河边草地上，乳白色的汁液从它们的乳房流出……"

18 失望、迷惘、补偿（"教导"，学校）

前面的故事都讲到了孩子的本能思考。在与父母对话时，甚至更多是在学校里，可能会出现这样的情况：孩子们不会完全接受问题的答案和所学的知识，他们会用自己的方式进行深入思考，他们的思考极具批判性。多数时候他们保持沉默，如果率性而为，很容易让成年人陷入窘迫的境地。

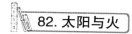
82. 太阳与火

爸爸的记录（同故事 81）

福尔克马尔（五岁二个月）："我觉得太阳是火。""它就是火！""太阳不燃烧也不冒烟，这到底是怎么回事？"

"我觉得"三个字的意思是："几乎可以这么认为，但是……"

他的怀疑和理由都是有道理的，太阳上发生的一切比我们熟知的火更加猛烈，它和火完全不一样。

作为成年人，我们必须注意一点：我们给出的儿童能够理解的回答不能够低于孩子们作为提问者的水平。

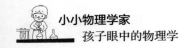

83. 雷

爸爸的记录（同故事 82）

阿恩希尔德（五岁一个月）："雷到底是怎么来的？"妈妈说："当闪电划过之后，云朵发生碰撞。"阿恩希尔德问："云朵很硬吗？"

很多成年人也不见得比他们小时候知道得多，现在他们也只是半信半疑的态度："是啊，这到底是怎么回事呢？"

84. 什么是云？

爸爸的记录（同故事 83）

阿恩希尔德（五岁三个月）问什么是云。我告诉他云其实全都是小水滴。阿恩希尔德："那为什么水滴不是白色的？"

看起来阿恩希尔德并没有得到一个满意的答案，我（1956）曾经问过教育学专业的大学生这个问题，不过问法和阿恩希尔德不同，我问的是"为什么雪是白色的，而冰是透明的？"所有人的回答都很含糊，没有人答对。显然他们以前上过的课都没把这个问题当作一个值得思考的问题，但是却给他们传授了广博的专业知识（例如 $\sin\alpha/\sin\beta$ =常数），借助这些知识不仅找不到问题的答案，甚至连这个问题可能也意识不到了。只有一个学生的答案是这么写的"我曾经也问过自己这个问题，一般情况下，雪应该是透明的。"原理是每个水滴将光线反射两次，一次是在水滴正面，一次是在水滴背面内侧，大量水滴就会反射大量光线，而大量漫射的日光看起来就是白色的，光线无法从中穿过，它在"大量被反射的光线中逐渐减弱"，丁达尔如是写道。

观察的敏锐度和对成人答案的批判性审视能力，似乎在学校里变成了对权威的信仰（参见故事60）。

85. 日出？

开学了，通常就意味着会有疑问产生了，可以说孩子们经常会走上通往物理学的弯路。

一位教育学家的讲述

一个小女孩在威斯特法伦的一个小地方读了一年级，那个地方叫作明泽。后来她和父母一起搬到了另一个村庄，转到了那里的小学，认识了新的老师，这个老师有一次说："太阳升起来了！"然后小女孩举手发言了，她并没有表现出对立的态度，而是有所克制，保留了她对她第一位老师的忠诚、对她家乡明泽的忠诚，在那里并不只有日出，还有很多其他完全不一样的东西，她说："在明泽那里，在我们那儿，地球是会转动的！"

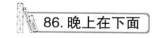

86. 晚上在下面

一位大学生的讲述

我刚上小学的时候，曾经旁听过一节地理课，我看着老师用地球仪向高年级学生演示地球每天自转一周的过程，讲得很有说服力。当时的我恐惧地等待着夜晚的到来，我害怕到了晚上就会转在地球下面，然后掉下去。

幸运的是，她想得并不全面，她没有想到床架会掉落，这样她就可以抓住床架，并不会发生什么很危险的事情，有的只是害怕。

87. 逐渐熄灭的太阳

小女孩也感到害怕。她的姐姐读高中，跟不上学习进度，还跟她说："所有的太阳都是恒星，每个太阳终有一天都会熄灭。"现在小女孩每天都忧心忡忡地看着天空，一看就是好长时间，晚上她担心会不会有熄灭的太阳掉下来，白天她担心太阳会不会慢慢下沉直至消失，巨大的黑暗随之降临。

88. 哥白尼学说快报

爸爸（物理教授）的记录

我记录下了我和我女儿的谈话。几天前她刚满八岁，现在上三年级了。

"今天学校里一切顺利，我们学习了一些关于太阳的知识。"

"到底是什么知识呢？"

"关于太阳在哪里升起，在哪里落下的知识。它从东边升起，从西边落下，晚上它在北边。"她一边说一边用手指着对应的方位。（停顿一下）

"但实际上地球在自转，而太阳不运动。"

"地球就像旋转木马，它到底是怎么自转的呢，我们对此竟毫无知觉？而且你可以看到太阳在天上移动的过程，也可以看到月亮的移动过程。"

"那巨大的太阳应该绕着小小的地球转吗？"

"到底是为什么太阳如此巨大呢？你也知道，它在天上看起来多小啊。"

"那是因为它离我们太远了！"

"你到底是怎么知道的啊？"

"你用手比一比就知道了，它离我们几公里远呢。"

"为什么是几公里？"

"还有比公里更大的单位吗？"

我和她简单讨论了一下长度单位，然后我女儿继续说："但是如果地球自转，那我们有时在上面，有时在下面，脑袋朝下！但我们竟然没有往下掉！"

这时我松了口气，心想她终于产生疑问了，但是明显这个问题只是个反问，老师很可能已经向她们提出过这个问题，因为她马上就说出了答案："我们之所以不会往下掉，是因为地球有磁性，可以吸引所有东西。"

"但是你知道的，磁铁只能吸引铁。"

"好吧，地球也不是真的有磁性。这个问题太难了，我们也是后来才知道的。还有，不要提这么蠢的问题了，你比我知道得更清楚。"

有没有这种可能，有的父母，也可能还有一些老师，他们

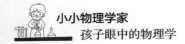

不那么反对孩子在学校里获取的这些信息？不是几乎一切事物都处在规则之中吗？（故事中的爸爸除外，他明显是个专家，他试着用他的知识让孩子再次感到困惑，让她陷入窘境，但是没想到的是孩子却让爸爸陷入了窘境！）是老师没做好吗？这些所有的知识都是在一节课之内学完的。这个小女孩带了一些正确的东西回到家里，并为之高兴，从她说"学校一切顺利"就看得出来。她说她是"后来才知道有关磁性的知识"，证明她也足够理智。

所有的教学计划和改革目前似乎都认为这个年龄段是让孩子成为下一个哥白尼的黄金时期。是时候让孩子们不再认为眼见为实，而要相信老师说的话。

"人们还不理解的东西，他们其实早就已经确信无疑了（这是一个法国人说的，但我忘记他的名字了）。"

事实上没有理由这么早就给孩子灌输地球自转的知识，要了解赤道地区炎热的情况，并不需要对它进行预测。只要知道（并且观察为什么太阳通常情况下一直待在南边），太阳一直（或多或少地）停留在赤道上方，24小时都在绕地球运行，这就足够了，这种情况描述的是一种相对运动。

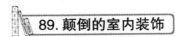

89. 颠倒的室内装饰

一位大学生的讲述

每到晚上就会悬挂在地球下面的想法不一定让每个人都

感到害怕，也有更幸运的人，平静而镇定，他们不仅不会陷入恐惧之中，而且不会轻易放过这种罕见的情况，一个小女孩成为大学生之后跟我说了这些话。这个小女孩从小就对"室内装饰"有着浓厚的兴趣。

到了学校里教授地球自转知识的年纪（其实还是太早了），她也可以理解非常直观的地球仪演示，每到晚上我们都悬挂在地球的下面，就这样度过一整夜。与故事86中的六岁小女孩不同的是，她现在想的不光是她自己，她还想着卧室里的所有家具。这个时候她思考的不是家具现在会不会从天花板上掉下来，而是她要努力保持清醒，她想看看她熟悉的卧室在颠倒的情况下（这种颠倒是无法预测的）是什么样子的，卧室里的这些东西会怎样适应新的方位和角度，会发生什么变化。遗憾的是，小女孩始终没有见过她卧室里的东西颠倒过来是什么样子，尽管她目标坚定，但她从来没有成功地保持清醒过。

如果她无意中踏上了物理之路，那这样一来，她也因为睡着而与这条路擦身而过。

90. 只是 H_2O 吗?

李先生的回忆（大概是 50 年前的事情了）

我对中学五年级的事情记得出奇地清楚，那时我第一次接触化学。从小时候起，我和水之间，不论是流动的还是静止的水之间都有一种极其强烈的神秘关系。当我学了水的化学分子式（H_2O）之后，我好几个星期都异常悲伤，就好像那古老而美丽的事物现在消失了，因为我一直在想，"水只是H_2O罢了"，这真是很天真的想法，但我也真的很悲伤，感觉心都碎了。但是后来这种感觉就消失了，自然而然地消失了，水的魔力又回来了。我不知道这种内心的疗愈是怎样发生的，以前的我不知道，现在的我也不知道，至少我的老师们对此没有起到任何的帮助作用，而且我认为，他们在这方面也给不了我什么帮助。

那时候的老师们很有可能真的帮不上忙，他们只会从物理学的角度来看待问题，已经深陷其中了，事物与物理相关的性质对他们而言就是真理。

恩斯特·戈德贝克（1861—1940）在随笔《男孩与郁金香》中描述了他作为物理老师向高中高年级学生演示用钠光照射不同颜色的彩纸使之褪色的过程，然后他（"当我说出这样的观点时，我感觉不到任何东西了"）竟然说出这样的话："郁金香本身并不是红色的。"而日落时的色彩"实际上并不存在"。接着一个学生跳起来，满腔愤怒，提出抗议："我实在忍不了了！学校必须禁止这样的教学！"

现在的老师不会再说这种在哲学上或者物理学上站不住脚的话了，但他又必须得说点什么，因为即使是未说出口的话也可能引起误会和反对，虽然并不是每次都会发生这样的情况，但是一旦发生就可能遇到像戈德贝克的学生一样愤怒暴躁的人。

量子物理学家瓦尔特·海特勒也回忆了他高中最后一年的一堂哲学课："老师点我的名（因为他知道我喜欢物理），他说："请你描述一下红色或者给红色下一个定义！"我原准备吞吞吐吐说点关于波长的东西，但我心里很清楚这跟老师的问题根本没什么关系。人们希望现在的年轻人在学校里学的东西都是差不太多的。"

不是每个人都和那时的海特勒一样能够自己意识到这一点，物理老师必须重点讲一下，红色的特征是用波长来描述的，而不是用非物理学话语，例如歌德描述深红色的话是这样的："它既给人一种严肃庄重的感觉，又让人觉得亲切与优雅。"

阿格内斯·班霍尔策
孩子们调查物理事实

引入 ⊙

20世纪30年代初，时任图宾根大学心理学和教育学教授的奥斯瓦尔德·克罗计划撰写了一部关于中小学课程教育心理学的重要著作，其目的是促进课程改革。

根据这个撰写计划，我调查了"学龄期儿童对物理事实的看法"。我主要是想弄清楚："不同年龄段的孩子是如何看待物理过程的？他们如何解释观察到的物理现象？"

之前较长一段时间我都在收集孩子们对物理学相关事物的看法，1933年夏天，我在图宾根的一所小学对男孩和女孩们进行了有计划的试验。我让学生们观察多个实验、对实验进行点评、提出问题并解释他们观察到的情况。1935年夏天，我通过对斯图加特的儿童进行实验以及在斯图加特学校课堂上做的观察，对此次调查进行了补充。

我的一篇论文用到了我写下的大约1600份记录，该论文于1936年在图宾根大学哲学系顺利通过。

时至今日，我通过观察学龄前儿童、小学及普通初中、理科中学、文科中学的学生以及师范大学的大学生，对我的成果

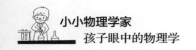
进行了检验，并扩充了我收集的材料。

这些年我清楚地认识到，人们"最初"的观点并没有随着理性认知能力的提高而完全消失，而是作为人类世界观的基础继续存在，这些观点在任何地方都有可能再次明显地体现出来。

阿格内斯·班霍尔策

关于记录 ⊕

经作者同意，我尝试着将孩子们关于最重要话题的观点编排在文中。A、B、C······的字母序列分别代表不同的主题，以便我们进行有针对性的讨论。从意义上来说，字母排序并不代表不同等级，也就是说，思考主题F之前不需要先思考主题E。

但我们可以认为泛灵论的解释比因果论的解释出现得更早，"水要负责任"的说法与"水产生挤压"的说法并无差别，针对折射现象，孩子们不可能很早就从光学角度进行解释（折射现象与光有关）。

我在其中部分观点的后面还做出了评价。

马丁·瓦根舍因

漂浮（木块、铁片、纸船）

A. 它就是漂浮着

6岁3个月男孩：它不下沉，因为它就是不下沉。

6岁3个月男孩：它漂浮着，因为它漂浮，它漂浮在那。

6岁6个月女孩：它漂浮着，因为它可以漂浮。

B. 木头就是漂浮着

6岁2个月男孩：盒子漂浮着，它是用硬纸板做的，硬纸板是用木头做的，木头不会沉下去。

6岁9个月女孩：因为它是硬纸板，所以它往上浮。还有这个，因为它是木头。

8岁2个月男孩：木头漂浮着，因为我在内卡河看见过木头漂浮。

C. 重的东西漂浮

6岁2个月女孩：小船往上走，因为它重。

6岁5个月女孩：因为它重，所以它漂浮。

6岁4个月男孩：木头漂浮，因为它重，然后它可以控制水。

6岁7个月女孩：它（盒子）漂浮着，它又大又重，小的东西会被水往下拉。

D. 重的东西下沉

9岁1个月男孩：重的东西就会下沉。

9岁3个月女孩：轻的东西不下沉，但重的东西会下沉。

12岁2个月女孩：这取决于它有多重，但不只是取决于重

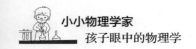
量。如果把一小块肥皂浸入水里，它会下沉。如果把皂碟扔进去，它可能会浮起来，但是皂碟比小块肥皂更重。

E. 水支撑轻的东西

11岁男孩：因为水力气很大，它会从下往上挤压。

11岁1个月男孩：这个盒子不下沉，因为水支撑着它，水向上挤压盒子。如果盒子很轻，它就会停在水上面，水可以支撑轻的东西。如果盒子太重，水就支撑不了了。

11岁4个月女孩：盒子停在水面上，因为它轻。水把盒子抬起来，水有一种力可以把盒子抬起来。

11岁7个月女孩：它漂浮着，因为它轻。它没有力，但是水有力。

F. 通常取决于哪些因素

10岁男孩：它漂浮着，因为它轻。如果里面没有这么多水，它就不能很好地漂起来。一块更大一点的木头在水上也不能很好地漂起来，这取决于这个东西有多大以及有多少水。

10岁9个月女孩：这取决于让它在哪里漂浮。有的东西在内卡河里可以漂浮，但是在这里会下沉。内卡河里的水更多。

11岁6个月男孩：这跟形状有点关系，比如扔一张纸，如果让它就这样展开下落，它会在空中飘舞；如果把它揉成一个纸团，它马上就掉下去了。

G. 解决方法

13岁3个月男孩（他慢慢地往纸船和盒子里装水）："里面装的水越多，它们就漂得越远。"当装满水的纸船和盒子最后沉入水里时，他高兴地说："现在我搞清楚啦，它们可以一直漂浮着，直到装进去的水和它们一样重为止，这取决于重量和形状。如果把一个和大东西一样重的小东西放到水里，那么小东西更容易下沉，因为它可以装的水比大东西要少。"

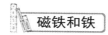 磁铁和铁

A. 描述

A1 吸引力

6岁2个月女孩：它总是"啪嗒"一下就吸住了。

6岁4个月男孩：磁铁把铁提起来了。

7岁2个月女孩：这块磁石发出"啪嗒"的声音，它就是这样"啪嗒"一下吸住了。

A2 从远处

6岁2个月男孩：我根本不知道这是怎么一回事，它就这么把铁从远处吸过来了。

6岁9个月男孩：它把铁提起来。铁过来了，这真是不可思议，它是怎么过来的。

7岁2个月男孩：铁还在那儿的时候就已经开始跳起来了。

A3 牢牢吸住

6岁1个月女孩：很难把铁拿开。

6岁6个月男孩：必须用力拉才能把铁拿开。

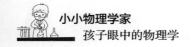

A4 磁极

6岁9个月男孩：它只能在前面被吸住，在后面吸不住。

B. 解释

B1 泛灵论的解释以及如何避免这种解释

6岁1个月女孩：只有铁过去了，因为它想到那儿去。吸墨水纸就想待着不动，吸墨水纸不喜欢磁铁。

7岁3个月男孩：有两只小鸟在这里面，如果离得近，它们就会靠到一起去。

B2 科技的魅力：火与电

6岁4个月男孩：它能把铁吸起来，因为这里面放了电火。我见过安装工人工作时产生的电火，又红又黄。将磁铁放到火的旁边，现在它轻轻松松就可以吸住铁，因为它里面有电，工厂就是这么做的。

7岁1个月男孩：磁铁里面有东西，里面可能有电流。人们在做磁铁的时候就把电流放进去了。

B3 浆糊

6岁2个月男孩：铁粘在上面了，这上面有浆糊。

6岁7个月男孩：我本来想看看这上面粘了什么东西，但是什么也没找到。那肯定是这里面放了点东西，但是拿不出来，因为它是铁做的。人们在做磁铁的时候就把这个东西放进去了，它可以粘住其他的东西，但是我们看不见它。里面的东西不可能是浆糊，这里面除了铁以外，还有别的东西。

7岁3个月男孩：这上面可能有有黏性的东西，它做出来就

100

是这样的。只有铁做的东西可以被吸过来，然后就粘在这上面。

7岁3个月男孩：磁铁移不开，它牢牢吸住了。这就是铁浆糊，是工厂做出来的。工厂也做磁铁，把铁浆糊涂在上面。

B4 气流

11岁6个月男孩：我们几乎可以认为当磁铁靠近的时候，铁可以闻到它的气味，但是又不能这么讲，就好像铁感觉得到磁铁一样，但这是不对的，只有人才有感觉。当它们靠近时，就会开始吹气，然后就会产生气流，气流将磁铁推过去。

（7岁5个月，男孩，反对）：这里面根本没有地方了。

（回答）：它们这么小，空气好进去。

（7岁5个月，男孩，反对）：它们坏掉了，就好像一个装甲虫的盒子上没有洞，然后你可以看见里面的甲虫。

（回答）：它们会吹气，然后产生足够的气流，铁上面也有很小的孔。

7岁4个月男孩：磁铁里面打了气，它把铁吸过来。

9岁1个月女孩：磁铁上表面可能是打了气，它把铁吸过来。

B5 牵引力

6岁9个月男孩：这里面有一辆火车。磁铁里面放了一辆牵引车、一辆火车等，于是把有牵引力的东西放进去了。

7岁2个月男孩：人们可以做出有吸引力的铁，也就是磁铁。这种情况下应该有一个望远镜可以看到里面，然后我能看到一辆车，但不是火车，是有牵引力的车。

7岁9个月女孩：这里面有一列车，就是这样一根细带子或

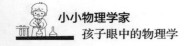

者橡皮筋，当铁出现在附近时，它就会把铁拉过来。

B6 力，电流

9岁3个月男孩：磁铁会放电。如果我们想把一块铁挂到这上面，它就会挂起来，因为磁铁里面有电放出来，这时就会形成电流，然后向下穿过所有铁块。

9岁6个月男孩：铁会产生一点点电，但不是真正的电，因为没有电线。就像电流流入电灯里一样，铁产生的电也会导入到磁铁里。

10岁男孩：磁铁生电，就好像把一个小灯泡接到一个电池上，电流就会这样流进来。

10岁5个月男孩：这里有电流，之前是没有的。当铁靠近的时候，才会出现电流。然后电流从磁铁经过铁，又再次回到磁铁里。磁铁紧紧地吸住铁。

13岁2个月女孩：这是一块特殊的铁，它可以吸引别的铁。它里面有着像电流一样的东西，这种东西就像是一股力量，把铁拉过去，这股力好像可以穿过铁，然后把铁质的东西吸附在这块铁上。铁很难与它们分离开来，就好像有什么东西在拉一样。如果把这块铁从磁铁旁边拿开，它就再也吸不住钥匙和其他东西了，它就没有磁性了，只不过还会持续一会儿，然后所有东西都会掉下来，现在好像没有什么力了。

光的折射

A. 单纯描述看到的现象

6岁2个月男孩：把它放到水里，它就折断了，之后它又完好无损。

6岁5个月男孩：把铅笔放到水里，然后它会折断。

6岁5个月男孩：把棍子放到水里，然后它会折断。

7岁女孩：它浸入水里变弯了。

B. 原因是什么？（水）

6岁4个月男孩：铅笔被水弄弯了。

6岁4个月男孩：这是水干的。

6岁8个月女孩：因为这里有水。

7岁6个月男孩：因为它四周都是水，才会这样。

C. 水是怎么起作用的？（泛灵论的解释）

6岁2个月男孩：它不想待在水底下，因为它想漂起来。

6岁3个月女孩：它断了，因为它不想待在下面，然后它就断了。

6岁4个月男孩：棍子断了，因为它不想去水里。

6岁9个月男孩：因为铅笔是彩色的。

8岁10个月女孩：棍子变弯，可能是因为水很凉。就好像人把脚伸进水底感到冰凉，然后会把脚抽出来。

D. 水是怎么起作用的？（物质的原因）

6岁6个月女孩：因为水在流动。

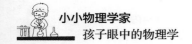

6岁7个月女孩：因为棍子是硬的。

6岁11个月男孩：因为水很清澈。

7岁1个月女孩：因为水很凉。

7岁1个月女孩：水在上面，然后它让小棍子变弯了一点，之后棍子又变直了。

8岁5个月女孩：可能是因为水里有东西。

9岁2个月男孩：之所以会这样，是因为水可以产生波浪。

10岁5个月男孩：水面上有压力，这种压力使得棍子变弯。当压力消失时，棍子又会变直。

10岁6个月女孩：水是凉的，棍子在水里会收缩，拿出来之后又变大了。

11岁2个月男孩：水像海浪一样沿着棍子往上涌，水朝着棍子的方向弯曲，因为棍子是干的，这样就会让人觉得棍子断了。

E. 认识到虚假性

6岁2个月女孩：铅笔是弯的。不，它本来是直的，只是我们以为它是弯的。

6岁2个月女孩：这是一条曲线，我们以为它是弯的。

6岁10个月男孩：把一支铅笔插入水里，就以为它断了，因为我们把它插到了水里。

7岁3个月男孩：我刚才还认为它变弯了，但是当我顺着它看下来，它又没有弯，我一直以为它变弯了，但是我们只能这样认为，我们感受不到它。

7岁9个月女孩：它是弯的，但它又不是弯的，我们认为只有在水里才是这样。

　　7岁9个月女孩：水折断了它，但水又没有真正折断它，这只是一种想象。

　　9岁6个月女孩：我们可能以为，棍子进入水里就断了，拿出来之后又恢复完整，但是这不可能。铁不可能就这样断掉，然后又彼此靠近，恢复完整，只有钳工才做得到这一点。

　　11岁2个月男孩：这是一个弯子，但是只有往那边看才看得到，用手往那边抓就没有弯子了。

　　11岁11个月男孩：棍子看起来好像断了一样，实际上根本没断，就好像有一部分往前滑动了一下，但并不是真正地完全向前滑动，而是有一点向后错位。

F. 观察起决定作用的细节

　　6岁2个月女孩：因为铅笔是这样放入水里的，四周到处都是水，然后铅笔就变弯了，因为它斜放着。如果把整支铅笔都放入水中，那铅笔就不会变弯。如果是这样把它提起来，那它就变弯了，但是如果把整支铅笔拿出来，它又变直了。

　　6岁5个月男孩：铅笔正好在水面断开，因为它一半在水里，一半不在水里。

　　6岁9个月男孩：它断了，因为这里是水，而上面没有水。

　　7岁7个月女孩：因为棍子斜放在水里。

　　7岁11个月男孩：因为水是直的，棍子是斜着放进去的。

　　10岁10个月男孩：（竖直放置的棍子在水里看起来变短了，）因为所有东西在水里看起来都是这样的。就好比我们从上往下看桥墩，会以为桥墩就是看到的那样小，但是当水退去之后，会发现桥墩其实是很大的。我在内卡河桥上看到过这种现象，当时那里正在进行河道疏通。

11岁1个月女孩：因为水是直的，把小棍子放进去，它在里面就变成斜的了。如果棍子是直的、水是斜的，情况也一样，但是这一点我们做不到。

11岁5个月男孩：情况正好相反，水是平的，棍子是斜放着的。

12岁5个月女孩：容器底部会欺骗眼睛，水也会欺骗眼睛，让我们以为水一点也不深。因为容器底部很靠上，所以棍子也十分靠上，让我们以为棍子肯定断了。

G. 光学角度的解释

12岁8个月男孩：这一现象与水面和光有关。棍子在与水面交汇的地方发生折断，光线从上方射过来，水面与垂直方向成直角。在这个位置，水与光相交。

13岁6个月男孩：水会反射从眼睛射过来的光线，让水看起来离得更近。水会反射光线，并使光线方向发生偏转，光线来自眼睛，照相机的工作原理就是这样子，而这个实验也差不多。我们先看棍子，然后再看水面的时候，光线发生折射。因为棍子是斜放着的，对人的眼睛会造成干扰。

13岁6个月女孩：一切都取决于光，因为光线落在棍子上，然后光线射入眼睛，否则我们根本就看不见棍子。把棍子放入水里，我们可能以为光的路径发生了变化。看起来容器底好像上升了一样，棍子浸在水里的部分好像也上升了。而水面这个位置则没有什么变化，棍子就停在这里。然后我们就以为棍子恰好在它入水的地方被折断。

针对一览表的评价

关于"磁铁和铁"的评价

A1部分——6岁2个月和7岁2个月的女孩："啪嗒"这个词用得很好，它既描述了铁被吸过去的过程，又描述了磁铁和铁不可分离（即吸附在一起）的状态。

A2部分——6岁2个月和7岁2个月的男孩："从远处"和"在那儿"是能表达孩子们惊讶之情并且描述这种奇特现象的词。

6岁2个月的男孩的惊讶是显而易见的；7岁2个月的男孩将他的惊讶之情隐藏在简洁的话语中。

我们教科书上的"客观"描述很少会带有这种惊讶的感情，与研究的结果相比，研究的动机就不那么重要了吗？

6岁9个月的男孩：他的喜悦之情似乎多过惊讶之情，这是一种对于顺从的喜悦。

A1部分——7岁2个月的女孩：她并不觉得惊奇，她说"它就是这样"。

B1部分——6岁1个月的女孩和7岁3个月的男孩是坚定的泛灵论支持者，但是他们的支持方式又很不一样！6岁1个月的女孩直接就说到了"想"和"喜欢"两个词。7岁3个月的男孩则构建出了这样一幅画面:两只"小鸟"正在吹气,他对此深信不疑,也许精神分析学家针对小鸟可以发表一些看法。"吹"这个比方比起用烂了的"牵引"(看不到线)和"推挤"(也看不到船夫的撑杆)更贴切。在一个什么也看不见的地方,"吹"是我们唯一熟悉的方式,它可以让某些东西从远处开始运动,不被人察觉。格奥尔格·哈特曼(1544)曾说:"所以磁铁本身不会再把针吸向自己,而是把针推开。"(他说的是"推开",与"吸引"相比,"吹"与"推开"的逻辑关系更合理。)

11岁6个月的男孩没有运用泛灵论。

关于"光的折射"的评价

C部分——6岁2个月的男孩:他的话体现了泛灵论思维与经验的融合:木棍"想"漂起来,水向上挤压铅笔浸入水中的部分,但是并没有成功,所以就出现了我们看到的裂缝。

D部分——如果像这里经常出现的情况一样,无法猜出已经想到了什么,那么不要由此得出结论说什么都没有想到。

7岁1个月的女孩:"冰凉"也可以被认为是有生命的,例如C栏(8岁10个月的女孩)。

7岁1个月的女孩:"水在上面",不明白这句话的意思,听起来好像是水向下挤压着有裂缝的位置。——类似于10岁5个月的男孩的说法。

E部分——6岁2个月的女孩:那是一条"曲线",她的意思是，曲线=弯曲=裂缝。

7岁3个月的男孩：试验性干预——用手指控制。

9岁6个月的女孩：显然她现在有一根铁棍。

11岁2个月的男孩："那是一个弯子"。他没有说手和眼睛这两种感官中哪一种能提供正确的信息。

F部分——10岁10个月的男孩：某些东西一直就是这样，这已经是一种解释了，这样的解释就去除了现象的"奇特性"。

11岁1个月的女孩：她的第二句话是对的，这句话是以一种惊讶的口吻说出来的。

12岁5个月的女孩："容器底部会欺骗眼睛，水也会欺骗眼睛。"这是一种极具独立性的发现，这句话的意思是：水将棍子向上抬升使得棍子出现裂缝，棍子的断裂归结于一种普通的抬升力，说到这里，有两种看似不一样的观察，其本质是相同的，我们在池塘里可以看到：斜着从水里长出来的芦苇秆好像有一条裂缝，池塘的底部看似好像被抬起来了，这两种现象其实是一样的，但小女孩还是没有提到光。

G部分——12岁8个月和13岁6个月的男孩：光成为了最关键的因素。因为光的反射比折射更引人注意，也更容易理解，那么他们一开始就以为光的反射是以某种不确定的方式在起作用。

13岁6个月和12岁5个月的女孩：她们的发现都很重要。下面列出了一段完整的对话，对话末尾表达的是几乎一模一样的想法，这种想法的第一层含义是：光是从棍子，包括棍子浸入水里的部分发出来的，所以我们可以看到它。（通常我们在学校里都很容易轻视这一发现。）

三个小男孩关于光的折射的对话

A：13岁7个月；B：13岁9个月；C：13岁10个月

B：棍子看起来好像变短了。

A：我注意到了一些别的事情，棍子变弯了。

B：这是一种视觉错觉。

A：我大概明白。

C：水把棍子放大了，所以就变成了这样，水欺骗我们的眼睛，水让棍子变得更大，也让它变弯，当棍子从水里出来之后，它永远都不会变大。

A：因为棍子在水里是这样斜放着的，而水面是平的，它们之间有一个空间。

B：透过平整的水面看棍子好像就是弯的。

C：你可以按你的想法转动棍子，然后它就会变弯。

B：棍子越是往水里伸，它变弯的部分就越少。

C：所有东西都往上升了，这是由于水的反射。

A：我觉得不是这样的。如果我们这样往下看，所有的水都从上往下走。如果我们从侧面看过来，视野就会变低。

B：（把棍子竖直放置）现在我觉得棍子变短了，容器底部看起来好像更近了。

A：棍子变短了很多。

C：我量过一次，棍子在水里的时候还是和原来一样的长度，但是水欺骗了我们的眼睛，棍子看起来好短。

B：上面的那个圆圈让我觉得很莫名其妙。

C：我想做个小实验。（他拿起棍子，把它放在炉子旁边。）我原以为，棍子是有磁性的。

A：但是磁铁对水不起作用。

C：你又不知道，我们来试一下吧。棍子在外面比在水里重多了。

B：这个我们上小学的时候就已经学过了，在水里把物体拿起来要比在空气里容易得多。

C：但是如果是人在水里的话就不太一样，因为人体里有空气。

B：而且肉占据一定的比重。

C：没错，肉与水的比重为0.1，肉比水稍微重一点。

A：也有可能是水在变化。当视角变小的时候，水也跟着变小了，我说的是我观察的视角。如果我从上面往下看，视角就变大了。

B：我认为出现了水的反射现象，水将光线向上反射到天花板，天花板又将光线反射回来，然后就产生了双重反射。水将反射路径缩短了两倍，外部光线的反射路径则刚好长两倍。

两个小男孩关于光的折射的对话

A：12岁5个月；B：12岁8个月

B：棍子看起来就好像断开了一样。

A：没错，就好像被折断了一样。

B：它下面又是另一种颜色。

A：在水里是这样。

B：（把一支铅笔浸入水里）这支铅笔看起来好像有一个角，铅笔也完全是直的吗？

A：哈哈，在水里是这样的。

B：没错，这是水面。如果我们这样看，下面有一个影子，那就是影子干的，影子映出了铅笔，铅笔才有了裂缝。

A：从上面看它是直的，但我们是从侧面看的。

B：水让铅笔变弯了，上面这些水都压在了铅笔身上。（他把铅笔竖直放置。）

A：那里变小了。

B：哦，是的。

A：也是水面让它变小了，如果笔直向下看，铅笔就不是断的，而是这个样子。

B：是水的缘故。水的附近有一个小圆圈，是它在起作用吗？铁把水吸过来一点点，然后它吸水的时候一定会越变越高。如果越往下看，我们就会认为水面越靠下。难道眼睛看到的某些东西是一种视觉上的错觉吗？就像阴影里的那些字母，我们只能看到它们的部分线条。

A：是水的缘故。

B：水面欺骗了我们的眼睛。

A：哈哈，是的，不过它是怎么欺骗我们的眼睛的，我们应该知道。水面是平的（很少会这样），我们就会觉得它只有这么大。

B：在水底下我们会认为铁片变厚了。

A：是水的缘故，不过到底是怎么一回事呢？

B：因为水会吸引它，然后它就变厚了一点。

A：是的，像这样，每个物体都会吸引水，就会变厚。

B：我还从来没有做过它会变小的实验，只做过它会断掉的实验。

A：这种现象我以前经常见，但我没有思考过这种现象。

B：有一个小圆圈，我觉得是它在起作用。

A：是铁的缘故。铅笔静止不动，吸引着周围物体。铁吸引水移动，就这样出现了一个圆圈，你永远不能让它静止不动。

B：当光线这样照过来的时候，眼睛和光肯定也起到了作用。

A：光线照射在水面上，然后水面欺骗我们的眼睛（光线以及水面一起使装水的容器变暗）。

A：没有任何意义。如果没有光线照射过来，我们根本就看不到它，根本就是光在骗人。如果我们在那里看，会觉得水不是那么深。

B：你认为水面很低。如果水完全静止，会是什么样子？它恰巧是这个样子吗？

A.这只是水的缘故，不可能是铅笔的缘故，否则我们在铅笔上能看到点什么东西。

B：又或者是玻璃在吸引水呢？所以水就没那么深了。每个物体都会吸引水，然后水就没那么深了，那容器里就永远不

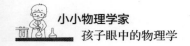

会有这么多水了，然后它就会变小。

A：那倒没有这么厉害。（他把手指伸进水里）看，我的手指多小啊！

B：如果上面再厚一点，那我就知道是什么样子了……它在下面吸引着，然后变小。

A：那是因为铅笔是歪的，水面是水平的，所以才会这样。当铅笔竖直放置时，它就不会断开，但只要将它放下来就会断开。

B：这跟水面以及光线有关。铅笔接触水面的地方发生断裂，光线从上往下照射到断裂处，水面是水平的，然后光线继续向下传播，在断裂处水与光线交汇，光线传播方向发生改变。有一次我真的上当了，我哥哥拿着一个扫把放在水井里，然后他大喊，问我是不是把扫把弄断了。我就以为扫把真的断了，被骗了。光线无法到达水底。

A：不对，要不然你根本不会往下看。

B：不对，因为水是白色的。

A：那你拿一点白色颜料，透过它看一看，看看能不能看到里面的东西，因为水根本没有颜色，所以光线会向下传播，否则我们就看不见鱼了。

B：是这样，我现在又不那么认为了。如果下面没有光的话，苍鹭也抓不到鱼。那下面也有一个影子，那就是光的来源，然后才有了影子。

A：光总是朝着铅笔的方向射过来，然后就有了影子。

B：我觉得它就好像玻璃，从侧面可以透过它看过去，但如果你想从另一个角度看，你就无法看出玻璃的厚度。也许它就像玻璃一样，就像一个球。如果把它朝着阳光举起来，就会出现一些颜色。紫色光从球的另一边，从球的后面进入，然后光线会产生好几种颜色。而在玻璃后面，情况正好相反。

A：光线从各个方向射过来，你观察的角度很重要。在一间房子里，光线并不是来自各个方向，仅仅来自太阳照射的方向。在水里，水底会骗人，水通过水底来骗人，所以我们认为水一点也不深。

B：从光的角度来看，我们会认为水底更靠上，因为光线进入了水中，因为水底位置变高了，那么铅笔也就跟着变高了，所以我们就认为铅笔一定断掉了。

西格弗里德·蒂尔　处在日常经验与科学经验之间的小学生

引入 ●

以下的课堂记录表旨在让大家了解如何尝试通过令人惊讶的自然现象和小学生一起探究自然科学。

同时，应该说明如何接收不同形式的基本知识，如何创造新的经验，如何解释典型概念的产生，以及如何利用儿童语言的变化过程，向他们介绍看待事物的科学性方法。

在位于温克尔维泽瓦内的图宾根大学师范实验小学进行的较大规模调查中，这些记录表出现于初步实验中。

由于这类实验需要相应的活动空间，所以安排在特殊课堂上进行，而不占用普通课程教学时间。说到这里，必须指出的一点是：该学校每半年就会给学生增设几门不同领域的课程，例如，使用完全不同的材料进行手工制作、奥尔夫音乐、长笛课程、非专业演奏、压力技术、校报编辑、特殊体操、科学观察、学徒手工劳动、绘画等。除了一般的核心课程外，孩子们可以从这些课程中选择1~3门课程，在上午或下午第一节或最后一节课时间去上这些课。

打印的记录表均来自"自然科学观察"课程，下列来自不

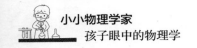

同年级的小组自愿参加该课程：二年级男生组（20人），三年级男生/女生组（30人），四年级女生组（15人），四年级男生组（9人），另有四年级男生组23人，他们参加本课程已经将近2年，从该小组的记录表中可以看出组员们演讲和辩论的熟练程度之高，部分原因可能是受到了长期的培训。

谈及这一方面，应该指出的是：瓦内小学的教学原则是，从开学第一天起就对所有学生进行全面的"一起说话"训练，以大组和小组的形式反复向孩子们介绍各种语言和社会交流方式，这样做的目的不外乎是让孩子们在没有老师持续指导的情况下，学会合作。

此外，这些目标从一开始就得益于瓦内学校温克尔维泽部门的空间位置，因为来自中上层阶级的孩子占比很高，他们已经接受过相应的语言训练。我们打印了一个男生小组的记录表，组成该小组的孩子大都是这个样子的：老师们最初认为他们的积极性不高，语言能力较弱，属于普通班级的边缘群体。

关于教学方法 ⊙

在这些教学单元中，我们想看一看，小学生是否可以像马丁·瓦根舍因提议的那样，通过与自然现象的接触走上物理学的道路。

该方法源于这样一种观察：学龄前儿童在面对奇怪的自然现象时，会形成他们的解释模式，给出解决的建议方案，而这些模式和建议方案往往与物理学历史发展中已有的思路有惊人的相似之处。与此同时，通过努力回顾已熟悉的事情来理解最初无法解释的事情，并通过类比来获取解决方案的意图也得以凸显。

采取这样的解释模式，考虑孩子们提出的问题，小心翼翼地将他们引入物理世界，是这种方法的主要目的。然而，引领孩子走上物理之路，并不是说像普通教育那样，将简化的物理学直接引入孩子的世界；相反，它指的是使孩子能够去探究物理世界和与之相关的专业用语，从而学会把握日常经验和科学经验之间的差异。

学校课程的任务是将孩子们引入物理世界中，这一任务通常是在传统的物理课上借助教科书中规定的物理学体系来完成的，但是也可能通过以下行为来完成：从基本概念和规定技能开始学习，要重视这些概念和技能的学习，只有在掌握了这些概念和技能之后，才能进行所谓的科学理解。然而，如果物理学体系与科学的历史发展有着十分紧密的联系，那么我们很可能就会忽略一点，那就是科学系统不能仅限于描述其历史发展。之后，弗里茨·洛泽继马丁·瓦根舍因对此作了如下描述：

"物理系统的'智慧'就是要在这样的可能性中去寻找：从每一个新出现的基本观点出发，重新对整个物理学进行梳理，并使之系统化。"

这就解释了我们的做法：我们试图从小学生的某一阶段入手，从一个能激发学生好奇和思考的现象入手，让他们在这个阶段形成"个体理解的结晶",从中就可以看出来,即使只是在学生时代后期,所有的知识都建立在这种结晶的基础之上并与之一起有序化和系统化。因此,系统并不是一开始就完全决定了课程,而是系统会成为课程本身的目标。如果说,我们的教学目的是追求科学思维的系统性,那就必须证明"系统性不是已规定事物的功能,而是对已规定事物进行研究的功能,是思维的功能⋯⋯"。

一个基本的问题是,如何从教学上把握日常经验与科学经验之间的区别。每一门科学都有它自己的概念,代表着自己的语言领域,这些语言领域会特意与口语区别开来,以避免口语的不准确性。通过新的概念和符号语言,科学创造了不同于普通人日常经验和语言的观察方式和行为方式。然而,要像科学那样去看待一个事物,只有那些已经认识到科学语言的必要性和意义并掌握了科学语言的人才能做到。

教学的任务一方面是把用非专业人士无法理解的语言进行表述的科学语句转换成通俗易懂的口语语句,因为学生只有在用自己的语言表述时,才能体现出他们是否理解了一个事物。但另一方面,口语必须在语言还原的过程中再次转化为科学语言,这样才能让学生看到科学方法会产生针对现象的不同观点。

在我们的教学中,我们努力确保儿童能够首先用他们的概念来谈论奇怪的自然现象,从而理解这些现象,因为正如汉斯·利普斯证明的那样,口语表述并不是与情境无关的概念,它只能通过在情境中的使用得到发展。

第二步，我们让孩子们尽可能地运用不同形式而准确达意的口语表述来描述实验、表达他们的初步见解，以便能够更准确地确定运用口语进行表达和信息获取的界限。

根据瓦根舍因的构想，接下来必须在第三步中引入专业用语，这是必要的一步，以此说明第二步中用简单的方式说出来的话语如何转换成标准而精确的语言，这种语言会把概念精确地定义为"术语"。

我们试着根据课堂记录表来说明前两个步骤是如何进行的，但我们也相信我们可以说明，在某些情况下必须以不同的方式来处理引入专业用语的问题，这些情况我们将在后面讨论。

这种理想型的教学步骤代表了一种教学结构，它不是只面向个别科学领域的"事实结构"，也不是只针对儿童的某种特定学习能力，而是力求在儿童身上同时做到这两点。

杰罗姆·布鲁纳提出的"学科结构"概念，其出发点是从专业学科中提炼出一系列基本概念和基本观点，这些概念和思想具有极大的经验发展作用，其高度的解释价值体现在其普遍适用性上，在这种情况下，必须对"学科结构"概念进行批判性质疑。汉斯·图特肯和凯·斯普雷克尔森从布鲁纳的概念出发，认为这种基本概念和基本观点特别适用于"积累和组织经验"。但在这里，我必须借用卡尔·波普尔的话进行强调："科学不是一个概念系统，而是一个命题系统。"这句话提到的概念并不直接指代经验，而始终指代命题和命题关联。用概念来把握事实似乎是不可能的，因为只有通过命题才有可能把

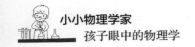
握事实。在命题中，事实以一种断言的形式被描述出来，关系是被确立的，这又引起了命题的真理标准问题，因为事实和关系并不是马上就能看出来的。

克劳斯·吉尔是这样描述这个问题的：

"理论性命题需要明确获取和理解其被采用的意义，这使人意识到它们的特性，但该过程不能立即通过系统的构建来实现，因为在理论性语言的建构中，系统对事实的演绎并不像康德的认识论认为的那样是同时进行的。不能以一种超验的判断力将理论系统贬为事实。每种情况下都要重新进行概括，概括就是一种独特的、有创造性的成果，可以通过口语这一媒介来完成。"

这就使得学校教学不仅要负责创造知识，还必须帮助学生透彻理解校外获得的知识。

但上述三步走的语言转变过程不可能始终保持其理想型的结构，因为儿童语言也一定已经被视作现代意识的一面镜子，在这面镜子中，"口语"作为一种历史文化产物，已经成为一种日常用语和科学语言元素的混合产物。现在的孩子理所当然地把"地球是圆的""球因为重力的作用而下落""飞机冲破了音障"等这类话语当作他们世界观的一部分。就这方面而言，学校的任务是明确这些一开始常常被误解的句子的绝对正确性，并说明在什么条件下使用这些句子才会让它们有意义。

但是我们教学方法的重点首先是让儿童对奇妙的自然现象做出口语化解释。就此而言，小学教育的任务是让小学生反复出现的拟人泛灵论思维慢慢转变为实事求是的思维。在这样做的过程中，我们意识到，儿童的拟人泛灵论阐释部分源于家庭的初级社会化，但另一方面，这样的阐释也向我们展现了儿童将捉摸不透的关系归因于已知事物的方法。此外，我们的语言结构使我们拥有了拟人泛灵论的思维，因为这种语言结构促使我们在主体中假定一个责任人或行为人，例如，"风在吹""球在飞"。我们为什么不让孩子们意识到我们的思维结构也受到所用语言形式的影响呢？

但同时我们有必要说明如何用更加客观的命题陈述来取代拟人泛灵论的话语模式，但我们并不介意让后者成为思维的辅助工具，孩子们的表情告诉我们借用拟人泛灵论进行思考"比较容易"。我们成年人通常也是在客观表述的掩护下，仍然保留了一些拟人泛灵论的说话习惯，在一些特殊情况下，我们也不得不再次用到这种说话方式。埃里希·克斯特纳在他的《开学第一天的讲话》中恰如其分地描述了保留这种儿童思维方式的必要性：

"不要让别人夺走你的童年！你看，大多数人把自己的童年像一顶旧帽子一样丢弃。他们就像忘记一个已经失效的电话号码一样，忘记了自己的童年。在他们看来，他们的生活就像一根可以长久存放的香肠，慢慢地把它吃光，而被吃掉的那部分已经不复存在。你在学校里被紧逼着从低年级读到初中再读到高中。当你终于在最顶端站稳脚跟时，你身后的台阶都已变得多余，而被彻底摧毁，这下你再也回不去了！但是，人这一生不是应该像住在房子里一样可以随时上下楼吗？没有了散发着果香味的地窖，没有了一楼嘎吱作响的房门，没有了一楼叮当作响的门铃，又哪来美丽的二楼呢？是的，大多数人都是这样生活的！他们站在最高的台阶上，没有楼梯，没有房子，就站在那儿装腔作势。他们以前是孩子，后来成了大人，但他们现在是什么呢？只有长大之后仍然是孩子的人才是真正的人啊！但是谁知道你们是不是理解了我的意思呢，简单的东西就是这么难懂！"

通过记录表可看出，我们是怎样结合拟人泛灵论的解释，并以此为出发点，向相关性极强的或科学性的观点和语言形式过渡。

有一份记录表举例：

托马斯Ⅱ[1]：较高处的水向下挤压，斯特凡说得对，这是地球引力的作用，水总想着保持相同的样子。不，不能这样说，水就是这样流动着，就变成了相同的样子，它想保持均衡。

另一份记录表"观察虹吸管"节选举例：

尼古拉Ⅱ：……水不会自行停下，因为它没兴趣这么做，水必须从某个地方来，它才会停下。

罗比：可能水没有兴趣，我们已经知道它不会思考任何事

---

[1] 此处以及后文中出现在人名后面的罗马数字Ⅰ、Ⅱ等均表示有多名学生同名，为了进行区分，原作者用罗马数字作为同名学生的区分符号，后文中将不再赘述。——译者注

情。但是蒂尔老师，他们刚才说过，即使不是完全正确，我们也可以这么说。

老师：的确如此，只是这样说的话，就好像水是一种有生命的物质一样。

关于汽车制动过程中物体状况的对话：

埃娃：我妈妈经常在汽车后座上放很多盒子，每次一刹车，这些盒子就会掉下来。盒子是没有本能的，只有人才有本能，但它们也能飞出去。

二年级关于声现象的记录表：

老师：我可以打断一下吗？到目前为止，我们已经听到了这样一些想法：有人说，声音从空气中飞过；有人说，空气承载着声音；还有人说，声音在空气中游动。那么是怎么一回事呢？是空气承载着声音？是声音在游动？还是声音在飞行呢？到底是怎么回事呢，罗伯特？

罗伯特：是风，风托着声音。

老师：用它的两只手吗？

几个学生：不是；不是；是的。

罗伯特：地球也在吸引着我们，但是声音很轻，地球吸引不了它，是空气在托着它。乌尔夫，你说呢？

乌尔夫：但风就是这样子的，它就这样穿过整个房间，它也不需要用手托着，它只需要坐在平地上，然后就能飞起来。

理查德：我还想补充一点。声音不会游动，不会飞行，它能穿过空气，用的不是双脚，而是声波，这跟人借助波浪也可

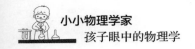

以向前运动有点类似。

阿希姆：没错，让我说的话，声音不是用脚走路，不是用翅膀飞行，不是用手游动，它就在那里移动，就是没有脚，也没有其他说法可以来描述了。

从理查德说的话（"……人借助波浪也可以向前运动……"）可以看出，这种让孩子们自由表达自己思想观点的课还存在着一个待解决的问题，那就是孩子们已掌握并运用的专业学科概念和观点如何与课堂教学融为一体，使之有意义。这个问题在小学阶段通常都会被忽略，孩子们被老师们匆忙地敦促着，单纯地接受看上去似乎是现成的、逻辑清楚的专业学科概念，为的是可以运用这些概念使用"专业学科字典"。但很少有人清楚地告诉这些孩子们，这些概念在其产生的语境中有何意义和作用。如果以此为标准，那么我们翻阅教科书就会发现：概念主要被草率用作物体和过程的"名称"，即那些产生于口语并具有交际意义的词语（场、波、声、摆、速度、力、功、时间）都用作类别概念，就这方面而言，我们很难明确它们与有着相同名称的科学术语的区别。

但是，把力、功、场、波、速度等概念作为口语中的类别概念还是作为精确定义的科学术语使用，就构成了日常经验与科学经验之间的差异，因为用作类别概念还是科学术语，观点也会随之发生变化。在概念的不同用法及其不同定义中，可以让孩子们认识到日常经验和科学命题之间的区别。当然，这对孩子来说并不容易理解，因为他们首先必须具有相应的抽象能力，而这种能力的获得是一个相当漫长的过程。另一方面，仅仅以看似与科学无关的口语为出发点，也会有其局限性，因为这意味着我们必须始终从成人的角度出发，认为儿童的世界及其语言具有某种结构。

这对于所谓的口语来说，意味着它已经可以被视为现代意识的一面镜子，在这面镜子里，科学思想和概念与普通人的语言形式彼此交融。

小学生有时会理所当然地使用原子、重力、声速、波和电磁波等概念，因此教师必须考虑到这种情况，在愿意相信学生能够有效使用这些概念的前提下，接受这些概念，并试着把它们巧妙地纳入认知过程，也就是说，使这些概念能够逐渐被越来越多的人接受。

其中一份记录表中的一个例子：

罗兰：声音的传播需要时间，它不是马上就会传过来，我以前看到过，我知道。

约亨：这只是一个很小的区别，但是这一区别很容易就能看出来。

格奥尔格：声音就是一种空气的振动，它一直振动着传向我们，振动着从飞机上往下传播，传播需要时间。

马蒂亚斯Ⅰ：我爸爸说过，声音是一种波，是空气波，飞机、铙钹、马达都可以发出这种波。

尼古拉Ⅱ：这里是飞机，这里是地面，声音从飞机上发出向下传播，直到它到达地面……（有人插话：但是它也会向上

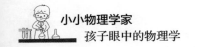

传播。）没错，声音也会向上传播、向各个方向传播，这一点我们是知道的，但是声音在到达地面之前，一定会有一部分声音传向其他物体。

罗比：我在书上查了一下，声音就是分子、粒子。我看了一本书，我在那本书里读到，声音在空气中的传播比在水中的传播更差，挺奇怪的。因为在水里，水分子彼此之间的距离更紧密，消耗的能量比分子间距离较远时要少。我举个例子，如果我把它画在这里，有很多小分子并排，这样的小粒子组成了空气。还有水，由小水滴组成。当喷气式飞机在空中飞行的时候，发动机发出噪声，也就是声音，分子间彼此碰撞，每个分子又将撞击力传递给其他分子。在水里，分子间的距离更近，所以声音在水中的传播效果比在空气中更好，因为在空气中，分子间的距离没有那么近。

老师发出了惊讶的赞叹声。

罗比：声音在空气中的传播速度是每秒333米。在水中，它的传播速度约为每秒1480米，是的，声音在水中的传播速度可以达到如此之快。在钢铁中，由于分子间的距离还要更近，所以声音在钢铁中的传播速度可以达到每秒5800米。

同学们开始七嘴八舌地讨论起来，罗比说的话似乎让他们很惊讶。

老师：好了，罗比刚才说的这些话是他在书上看到的。现在我们的任务是要试着去理解罗比刚才说的这些话。罗比，你可以再用自己的话给我们解释一下你刚才说的那些话吗？

在这种情况下，教师最重要的任务就是帮助孩子们理解这样的概念和原理是如何得出的，作为科学术语的相应概念与作为类别概念的口语表述又有何不同。

　　因此，除了解决问题的方法（作为知识的创造途径）之外，另一项同样重要的任务是告诉孩子们如何分析看似是已有信息——空气是由最小的粒子组成的；地球是一个球体；声音是通过振动产生的——的发生史，进而掌握这些信息。每一种教学方法都有其自身的教学意义，归纳教学法和演绎教学法的适当结合，会告诉我们如何教育孩子成为思维敏捷的人，也会告诉我们如何运用不同方式从多个方面去理解与把握复杂的现实。

　　与此同时，我们也要防止孩子们在接触到一开始无法理解的信息时变得手足无措。**人类追求的成熟和开明就表现在一个人应对丰富信息的方式与态度上。**

　　从打印记录表中节选的一部分说明了儿童是如何抵触突然出现、一开始难以理解的信息和科学解释模式的，也说明了如何将这些信息和模式有效地融入教学过程。

　　一份记录表节选：

　　伯恩哈德Ⅰ：蒂尔老师，我不同意关于分子的这种说法。罗比说他是在书里看到的，那每个人都可以去书里查，然后再按书上的说出来，但是我们要做的是靠自己去探索发现。

　　尼古拉Ⅰ：格奥尔格也说过他在书里看到的内容，讲的是振动、赫兹这类东西，但他是照着书念的，他自己并不知道这

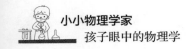

些知识。

格奥尔格：但是我说的那些东西又没有错。

老师：是的，你说得没错。我真的没想到你们会说出这样的话，但是我们应该冷静地讨论一下，你们觉得呢？

罗比：我们上周在街道上用鼓做了一个实验，晚上我把整个实验给别人描述了一遍，还在一本书里读到了关于声音的内容。书上写着声音源自振动，而且人只可以听到某些振动。书上也提到了分子、空气粒子以及它们彼此碰撞的过程。蒂尔老师，我说的都是对的。

尼古拉Ⅱ：罗比，但是你是看不见分子的。我相信书里是这么写的，但是我们自己并不知道这些东西。

老师：嗯，那大家觉得罗比和格奥尔格刚才说的是对的吗？

伯恩哈德Ⅰ：我觉得是对的，只要没有印刷错误，那书上说的总是对的，但是就这么照着书念出来，我不喜欢这样。

罗比：但是到底有没有这种最小的空气粒子或者分子呢？没有吗？蒂尔老师？即使我们看不见它们，但科学家都知道它们，您也知道。

老师：没错，科学家们用的是分子这个词。为什么我不在一开始就马上告诉你们呢？嗯，因为我只想给你们指出思考的方向，例如,为什么我们可以认为空气好像完全是由小粒子组成的？这种想法是怎么出现的？一定有人思考过这个问题，一定有人想出了这个问题的答案，要想到分子可不是件容易的事，我们根本摸不到它，但是如果我按压一个气球呢？是不是等同于我接触到了空气，接触到了粒子呢？

托马斯Ⅰ：是的，空气就像在一个球里，都被挤到了一块。

斯特凡Ⅱ：我们可以接触到空气，是因为空气被封在气球里了，我们只能摸到橡胶，但是你用你那粗粗的手指是肯定摸不到任何一个细小的空气粒子的，只有当它们全部被封在气球里才有可能。

这段节选内容说明了该如何对给定的计划、建议解决方案和看似一成不变的观点进行批判性检验，课本上看似现成的知识也不必一味地照单全收。通过对比几家出版社同一主题的不同作业本可以让小学生清楚地认识到，不同的事实可以有不同的描述方式。

在这样的学习过程中，教师必须密切观察孩子们的反应。当教师提出的想法不能快速与小学生的日常经验达成一致时，他们的反应非常敏感。因此，教师有必要采取适当的教学方法不断激发孩子们思维的敏捷性，而不是认为他们已经具备这种思维的敏捷性。重要的是，首先要给予孩子一定的安全感，让他们对自己的想法和说的话有信心，这样一来，他们就更容易参与到开放性极强的操作思维游戏中去。

但是如果贸然让小学生认识到他们的话语是由泛灵论和拟人论的因素决定的，那么就会出现这样的情况：他们会因此而沉默。他们突然注意到自己的语言，他们的语言会因此变得奇怪和可疑。因此，教师应该谨慎地引导儿童去认识他们拟人论话语的特殊结构，如果教师可以采用幽默的方式进行引导，会

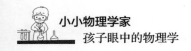
取得比较好的成效。

在孩子们接受他们一开始觉得陌生的概念的时候，有必要颠覆这些概念使他们对自己创造的词语感到不安的倾向，在看似可能和合适的情况下，要向他们说明一个新概念的产生过程及其在具体的、明确规定的领域中的使用情况，从而使它作为一个类别概念或科学术语在相互评价中得到有意义的运用。

我这本书讲述了孩子们是如何踏上物理之路的，也就是要告诉孩子们如何进入自然科学及其特定语言的世界。这种教学方法不能被视为"学科"的延续，学科的目的是把整合后的实践经验知识传授给每个学生，恰恰相反，这种教学方法的目的是通过物理学的特殊语言让孩子们了解物理学看待世界的特殊视角。

之后的记录表还不能完全体现这一预期的方法，因为它们最初是针对结构要素的初步方案。不过，它们可以让人了解到，自由生长的孩子是如何试着以自己的方式去寻找问题的解决方案的，他们是怎样慢慢学会利用科学的元素和典型概念去理解自然现象的。

📚 01 第一份记录表

主题：球是怎么跳起来的

三年级，男生和女生，1969年1月22日，第一节课。

老师：开始我们先来做一个简单的小游戏。

实验：分别让橡皮球、网球、乒乓球和橡皮泥捏成的球从距离桌面约一米高的地方落下，然后跳向空中。

克里斯托弗：因为那下面有凹陷，球就在那里跳起来了。

克里斯托弗H：橡皮泥里面有东西，所以它跳不起来。

格奥尔格：这个球不能跳起来，因为它是橡皮泥做的，而橡皮球可以跳起来，因为它是橡胶做的。

克里斯托弗：如果一个球下面有凹陷的话，它就可以很好地跳起来，因为它会膨胀，然后就会跳向空中，但是橡皮泥球不是这样的。

米夏埃尔：不对，橡皮泥球下面也有凹陷。

实验：老师让橡皮泥球落到桌子上。

阿克塞尔：没错，是有凹陷，但是它不能"啪"的一下又弹回去。

格奥尔格：凹陷不能"啪"的一下弹回去，它先是受到了撞击，如果它"啪"一下弹回去，就会产生一个快速的推力，球就会跳起来。

克里斯托弗H：橡皮泥球里都是橡皮泥，在地球引力的作用下往下沉，所以它就停住不动了。

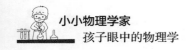

老师：那橡皮球肯定也会停在桌子上。

克里斯托弗H：但是橡皮球里没有东西。

阿尔弗雷德：橡皮球中间是空心的，乒乓球是用塑料或者一种类似的材料做成的，里面是空气，球能感受到空气，所以它总是这样跳起来。当球跌落在桌面上时，空气就会将它抬起来。

老师：那我们已经找到了两个可能的原因，第一个是空气使球跳起来；第二个是凹陷使球跳起来。现在这些都只是猜测，接下来我们要验证一下我们的猜测是否正确。

某学生：我认为，橡皮泥球弹不起来，是因为它粘在了桌子上。

米夏埃尔：这是第三种猜测，我们也要验证一下。我们都看得出，他有点小激动。

维尔纳：地球引力的说法不正确，也就是说，如果像阿尔弗雷德说的那样，球中间是空的，那它就会跳起来，如果橡皮泥球跳起来，那它就不可能是完全实心的。

赖因霍尔德：但是橡皮泥球比网球和橡皮球要重得多，所以它不能跳起来。但是一个实心橡皮球也能跳起来，它和橡皮泥球一样，里面全是橡胶。

米夏埃尔H：橡皮泥球里没有空气，我认为橡皮球的橡胶会"啪"一下弹回去，是因为它有凹陷。

赖因霍尔德：橡皮泥球有凹陷，但是实心橡皮球不可能会有凹陷，它太硬了。

米夏埃尔·施：但是为什么实心橡皮球会跳起来呢？我们

想知道原因。

格奥尔格：现在我知道了，因为实心橡皮球是实心的，它不能向里挤压，根本没有地方可以形成凹陷！实心橡皮球不需要凹陷就可以跳起来。

克里斯托弗：黄色的橡皮球里有空气，当它落在桌面上时，就会像我之前说的那样往相反的方向跳起来。它没有凹陷，所以会跳起来，但是橡皮泥球有凹陷，所以它就不会再跳起来了。我认为，球会反方向跳起来，就像我之前说的，如果球没有凹陷，它就会向上跳起来，因为空气从下往上挤压球，就像一个弹簧一样，空气挤压在一起。如果这个球有凹陷，那它就不会跳起来；如果它没有凹陷，它才会跳起来，就是这样。

米夏埃尔·弗：克里斯托弗说得不对，因为橡皮泥球也会把空气挤压到一起，球落到空气上，肯定也会跳起来。

安德烈亚斯：但是我们之前已经说过，橡皮泥球要重得多，所以它不能跳起来。

米夏埃尔·弗：是这样的，如果球有凹陷，那么由于球内部压力的作用，球会被弹起来一段距离。如果球有凹陷，里面的空间变小，空气就会向上挤压。这就像在水里一样，水族箱里的气泡刚出现的时候还很小，然后越变越大。球也是这样，当空气的空间变小，它就会往上跑。

托马斯M：如果我们让橡皮泥球跳起来，也会有这样的发现。桌子上还会有橡皮泥球留下的扁平印记。

克里斯蒂安H：我想对米夏埃尔·弗说，你说得没错，因

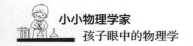

为非实心橡皮球里的空气被挤压到一起，然后它肯定又会往周围扩散，所以球会往上跳起来一点点，因为球有了凹陷就肯定要恢复到原来的样子。

黑板上：球往下掉落，落到桌面上时形成凹陷，凹陷恢复至平整状态，球向上跳起，因为球里的空气受挤压后再次向外扩散。

格奥尔格：空气在里面，它出不来。

克里斯蒂安H：是的，空气受到了挤压，所以它想跑出来，为了让空气出来，球就会向上跳，但是空气没有从球里出来，因为它不再受到挤压了。

乌尔里克P：我认为这个球有阻力，这个蓝色的球，另两个球没有。

克里斯托弗：黄色球下落的时候出现凹陷，但是因为球里有空气，空气又将凹进去的部分挤出来，凹陷被挤出来的时候，球被弹起来。蓝色球里没有空气。

老师：到目前为止，我们听到了这样一些观点：橡皮泥球之所以不会跳起来，是因为它的底部被压平了，凹陷无法恢复成原来的状态。当充满空气的球向下掉落，它在接触到桌面的时候发生凹陷，但是凹陷马上复原，球就这样从桌面上弹起来。

实验：未打满气的球和充分打气的球同时掉落到桌面上，我们能否看到它凹陷。

阿尔弗雷德：当球落到桌面上时，空气被挤压到一块，紧接着空气全力抵抗这种挤压，它将凹陷部分挤出来使之复原，球就这样弹了起来，它自己把自己从桌面上推开。

祖西：因为空气会抵抗受到的挤压，挤压空气，它就会反向挤压，桌面也被挤压，所以球会弹起来。

格奥尔格：不能完全这么说，因为空气受到挤压时，它在球里的空间就会变小，所以它会向外挤压。

老师：实在很奇怪，空气空间变小到底是因为什么呢？

米夏埃尔·弗：是由下落引起的，球落到桌面时受到挤压，因为它向下掉落，就会出现凹陷，这时空气就想跑出来。

克里斯蒂安：当球的底部出现凹陷时，空气也会轻微向上挤压球面，所以随着时间推移，球会停止弹跳，因为空气从上面挤压它。

米夏埃尔·施：但是我们也可以让一些东西在蹦床上跳跃，蹦床网上下弹动，球不需要凹陷就可以弹起来，这是因为蹦床下面有弹簧，铁做的螺旋弹簧，它使得蹦床网上下晃动。

老师：我认为蹦床和弹跳起来的球也有一些关联。

安德烈娅：蹦床会出现向下的凹陷，而弹簧会对抗这种凹陷，所以它会伸长，蹦床网这样一来就会回弹，而球产生的凹陷也会向外回弹，给蹦床网一种推力，但是蹦床网不能离开原来的位置，那么球肯定会弹起来。

安德烈亚斯：没错，是这样的。蹦床固定在地面上，当人在上面跳的时候，蹦床网就会产生凹陷，凹陷想要回弹，想恢复到平整的状态，所以它会向上弹，当人在蹦床网上面跳的时候，它就会将人向上弹起来。

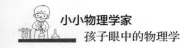

格奥尔格：实心橡皮球跳起来，是因为所有橡胶都在向上跳。

米夏埃尔·弗：不可以这样说，这么说不对。我知道实心橡皮球会跳起来是因为它有弹性，这才是原因。如果我们往里按压实心橡皮球，就会出现凹陷，凹陷会回弹，橡胶就是这样的，它就像弹簧一样会回弹。

布格哈特：在这种情况下，橡胶替代了空气，当我们把它扔向桌面时，它也和空气一样会受到挤压。

米夏埃尔·弗：实心橡皮球只需要极其微小的凹陷，这种凹陷是我们几乎看不见的，因为实心橡皮球有弹性，而换成橡皮擦，它也会跳起来，这个过程可以看得更清楚，它就像弹簧，被压紧然后又回弹到原来的位置。

安德烈娅：黄色球里有空气，而橡皮擦里有橡胶，替代了空气，橡胶也会跳跃，当它产生凹陷时，橡胶也会向外挤压。

阿克塞尔：但是实心橡皮球也不总是会跳起来，因为它在草地上就跳不起来。我还知道这是为什么，草地地面下陷，地面上产生了凹陷，而实心橡皮球就停在了地面上，对，就是这样。

雷纳特：任何东西在柔软的地面上都不太好跳起来，实心橡皮球也如此。我知道它在硬地面上可以更好地跳起来。

祖西：球在柔软的地面上根本不能产生这样大的凹陷，地面上会出现一个洞，而球会留在这个洞里。

米夏埃尔：是这样的，在柔软的地面上是这样的，如果地面上出现了一个洞，出现了凹陷，这是没有用的，要想让球跳起来，必须让球产生凹陷。

老师：是这样吗？如果我将实心橡皮球扔向一个橡胶垫子呢？请你们思考一下这个问题！

安德烈亚斯：实心橡皮球一定会跳起来，因为下面的橡胶垫子也会产生凹陷，这个凹陷也想弹回来，这就和蹦床是一样的，蹦床网想恢复到原来的位置，所以它会将球弹向空中。

米夏埃尔 · 施：但是如果我们让实心橡皮球在橡皮泥上弹跳，那么橡皮球就跳不起来了，因为橡皮泥上的凹陷不能回弹至原来的位置，橡皮泥非常迟钝，它不能复原。

实验：将实心橡皮球扔到橡皮泥上。

阿克塞尔：是这样的，如果一个球要跳起来，那么它触碰到的平面也是影响因素之一。当这个平面产生凹陷，凹陷又回弹到原来的位置，就会使球跳起来，因为凹陷就和蹦床网一样会快速回到原来的位置。

1969年1月29日，星期三，第二节课。

老师：上节课我们讨论了一个球弹跳起来的原因，你们可以再简要复述一下吗？

阿克塞尔：橡皮球跳起来，是因为它跌落时会产生凹陷，球里的空气受到挤压，空气抵抗这种挤压，将凹陷挤回去，球因此弹跳起来。

克里斯蒂安H：总而言之，当球跌落时，它的底部会产生一个凹陷，位于球内上面部分的空气会挤压这个凹陷。

米夏埃尔 · 施：不对，是向下挤压。

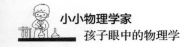

　　米夏埃尔·弗：如果球里有一个洞，球根本就不会跳起来，因为空气不能在里面扩散，它已经从裂缝中跑到球外面了。

　　安德烈娅：如果我们用橡皮泥做一个球，这个球就不会跳起来，因为橡皮泥做的球产生的凹陷不能膨胀起来，不能像橡皮球那样快速回弹，橡皮泥不具备这样的性质。

　　阿克塞尔：但是实心橡皮球可以很好地跳起来，虽然它只会产生微小的凹陷，但是它能跳起来，因为橡胶有弹性，想要回弹到原位，在这种情况下，是橡胶在挤压凹陷而不是空气。碰撞时橡胶被挤压，然后它又膨胀至原来的位置。

　　老师：你们究竟是怎么知道，球产生了凹陷呢？你们看到它了吗？

　　格奥尔格：我有一个建议，我们只给球稍微充点气，就可以清楚地看到凹陷了。也可以这样，我们让球下落，当球落地时，我们迅速将手指按在球上。

　　实验：让球下落，试图将手指按在球上。

　　格奥尔格：这太难了，因为球太快了，我们抓不住它，当我们想去抓住它的时候，凹陷已经消失了。

　　老师：还有什么办法可以让凹陷更加清晰可见吗？你们有什么建议吗？

　　安德烈亚斯：如果我们把锯木屑撒在地上，把球抛向木屑，球跳起来的地方的木屑会被吹走。

　　格奥尔格：我们可以把石灰倒在地上，就可以看到球触碰过的地方，我以前在建房子的时候看到过，当地面上洒满石灰的时候，可以看到我们踩过的地方。

乌尔里克：就算是把软石灰撒在地上，也能看到，也可以清楚地看到凹陷，是真的。

米夏埃尔·施：这样我们看不到凹陷，只能看到一个圆，圆形的印迹，这是球留下的。哦，不对，这也是凹陷，不过它不是朝里的凹陷，只是球下面一个平整的东西，就和橡皮泥球一样。

米夏埃尔·弗：但是撒了石灰的地面会下陷，这时就看不太清楚凹陷了，对，就看不清楚。

安格利卡：但是如果桌面很硬的话，球就会很好地跳起来，这时桌面也不会下陷，球会遭到重重的挤压，如果桌面很软的话，那球就不会产生这么大的凹陷了。

布克哈特：在橡皮泥上，球就不会产生这么大的凹陷，但橡皮泥上会出现凹陷，而这种凹陷无法复原。

安东：球在坚硬的地面上跳得很高，但是在橡皮泥上就跳得不高。

米夏埃尔·弗：没错，比起坚硬的地面，橡皮泥下陷的程度更大，球在橡皮泥上面不会快速产生凹陷。球之所以产生凹陷，是因为地面不会产生凹陷，是因为地面很硬，这其实是很符合逻辑的。

比尔吉特：但是球在跳跃的时候中间总是有一些空气的。

安德烈娅：橡皮球比桌子软一点，所以它会凹陷。

克里斯托弗：当红色球落到橡皮泥上，橡皮泥凹陷，球跳得不高，因为它在橡皮泥上压出了凹陷，它就没有足够的力量跳跃了，因为它自身也没有产生大的凹陷。而当球落在桌面上，球本身会产生更大的凹陷，它就可以跳得更高。

阿克塞尔：当球落在橡皮泥上，它只能微微跳起，但是橡皮泥会产生凹陷，而球不会。如果橡皮泥里的凹陷可以回到原位，那就可以像蹦床一样把球弹起来。

布克哈特：如果让球在橡胶垫上跳跃，那么橡胶垫就会产生凹陷，这个凹陷会回弹到原来的位置。

格奥尔格：如果我们把球扔向桌面，桌面也会产生凹陷吗？每次我跳上自己的床，床上都会出现凹陷。

老师：如果我换用一块很有弹性的木板，我认为也会出现可以回弹的凹陷，凹陷会将球弹向空中，这两种情况总是同时出现的。球跳起来，是因为它的凹陷向外弹回来，橡胶垫有弹性，它也会起到帮助作用，垫子先是下陷，然后快速回弹。

安东：如果两者都出现凹陷，那球就不会跳起来，两者中肯定只能有一个产生凹陷。

米夏埃尔·施：不对，两者首先都得产生凹陷，然后都会快速回弹，其中较轻的一方就会跳起来。

此时，老师讲述了月球环形山以及内尔特林－里斯环形山❶的故事，这些环形山的形成都归因于陨石的撞击。

---

❶ 内尔特林－里斯环形山（Nördlinger Ries）是位于德国巴伐利亚州西部和巴登－符腾堡州东部的一个撞击坑和大型圆形洼地。——译者注

同时，老师还讲了一个故事：曾经有一个国家的祭司告诉信徒们，要把食物献给神灵。到了晚上，信徒们把食物拿来，放在供桌上，第二天早上来查看时，供品已经不见了。这时，一个生性多疑的信徒想到了一个主意，等到下一次祭祀时他把灰撒在地上。第二天早上大家看到了祭司们的脚印。神灵是没有身体的一种存在，它本不会留下任何痕迹。

停顿5秒钟。

老师：要识破球的诡计，我们也可以采用类似的办法。

格奥尔格：啊，如果我们在地上撒上煤灰，然后在上面走，脚上就会粘上煤灰，我们只看皮肤白色的部分，而其他地方都是煤灰，这显而易见。

安东：那我们撒上一层煤灰，让球在上面跳，球会粘上煤灰。

实验：让球在撒上了煤灰的玻璃板上跳跃。

布克哈特：好极了，这个圆圈变得越来越小，很小很小。

安德烈娅：当球往下掉落，撞击到板面上时，冲击力很大，这时球会出现一个大的凹陷。当球二次下落，凹陷变小，因为它是被自己、被自身的凹陷弹起来的。第三次下落同样如此，凹陷将球弹起来，然后球上面出现的凹陷越来越小，因为它被弹起来的高度在不断降低。

少数同学：再做一次！

比尔吉特：我们把球放在上面，不让它跳，然后我们来看看球的凹陷。

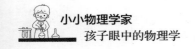

老师：那我们什么也看不到，如果球不跳起来的话，那就没有凹陷。

格奥尔格：是的，球就没有凹陷，但我们可以试一下。

实验：将球放在撒满煤灰的板子上。

安德烈亚斯：看哪，那里也有一个小小的凹陷，这是重量引起的。如果我站在泥浆里，即使我不跳起来，泥浆也会下陷，这个球也是如此。

实验：让球从两米高的地方落下。

米夏埃尔·弗：噢，这就像地球和月亮。当球落下来时，这个圆圈比球静放在煤灰上时要大得多，这是很明显的。

实验：让球从一米高的地方落下。

克里斯托弗：这时圆圈就很小了，球的冲击力不够，形成的凹陷很小，因为球下落的高度很低。

02　第二份记录表

主题：声现象

四年级，男生，9个学生组成的小组，1969年6月28日，第一节课。

老师：上节课我们在街道上进行了几项特别观察。

赖纳：我们用到了一只鼓，一个人站在楼下，离我们大约600米。他先敲鼓，然后我们才听到声音。

老师：谢谢你，赖纳，你观察得很仔细。

拉尔夫：站在下面的人把鼓槌拿开后我们才听到声音。

老师：没错！

停顿5秒钟。

沃尔夫冈：声音传到我们这里的时候，敲鼓的人已经把鼓槌拿开一段距离了。

停顿10秒钟。

老师：针对这一现象，我们也进行了一些思考，噢，如果是这样的话，那么对此我们可以说得再准确一点。

停顿10秒钟。

老师：要我先来开个头吗？

学生们：要，请您给点提示。

老师：如果我站在声源的附近，那么……

迪特马尔：那么马上就能听到声音。如果我远离声源，那么我需要隔一小段时间才能听到声音。

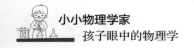

沃尔夫冈：是的，要过一会儿，声音才能传到我们这里。

老师：之前我们是在一开始就马上知道是这么一回事吗？

沃尔夫冈：不是，我们先是做了实验，但是我们想到了这个原因，因为您给我们讲了飞机飞过时的现象。

赖纳：有奇怪的敲击声，下面的夯地机在响，这是马蒂亚斯·韦前天和我们讲的，我们不信，但是有人看到了，过了一会儿才听到声音。

迪特马尔：它落下来之后过了一会儿才听到撞击声。

斯特凡Ⅱ：夯地机已经升上去了，才听到它的撞击声。隔了很长一段时间，声音才传到这里。

斯特凡Ⅰ：我敲鼓的地方，鼓面一直抖动，我用手去感受了一下，很痒。

沃尔夫冈：我们击打了两块铁板（老师：两块铙），它们也是这样晃动。

迪特马尔：如果我们这样把手肘靠过去，也会觉得痒。

老师：这个实验我们可以再来做一遍，看看你们刚才说的对不对。

实验：学生们用手感觉正在发声的物体是如何振动的。

斯特凡Ⅱ：铁板也好，铙铙也好，我们不能用手去触碰，否则它就不动了。

托尼：如果我们用手触碰的话，声音马上就停了。

赖纳：我们只能够抓住它的皮子。

沃尔夫冈：如果我们击打它们，然后把手放在上面，它

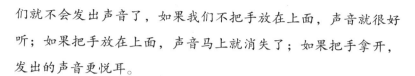

们就不会发出声音了，如果我们不把手放在上面，声音就很好听；如果把手放在上面，声音马上就消失了；如果把手拿开，发出的声音更悦耳。

老师：托尼，让它们发出好听的声音！

实验：声音持续了10~15秒钟。

斯特凡Ⅰ：这就和自行车铃一样，我们不可以把手放在上面，要不然它就不出声了。

迪特马尔：如果我们不把手放在上面，那它就会发出声音。

沃尔夫冈：这跟火一模一样。如果我们生起一团火，把水洒在火上面，火也会灭掉，火变得越来越小，最后熄灭，而这种情况也一样。

停顿10秒钟。

老师：真奇怪，按理说如果我把手放在铙钹上，它应该也会发出声音的，但是它干脆停下来了。请你们把舌头放在正在发声的铙钹上。

实验：当学生们用舌头触碰正在发声的铙钹时，他们害怕得往后退。

托尼：跟触电一样！

迪特马尔：很扎人，就跟冰块一样。

沃尔夫冈：可能是这样的：如果我们敲一下它后面，它就会不断地来回轻微晃动，它晃动的时候，就会发出声音。如果我们把手放在上面，它就不晃动了，就会停止发声。是这样吗？

停顿20秒钟。

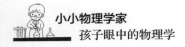

老师：刚才沃尔夫冈说了一些看法，现在我们必须思考一下他说的是不是对的。沃尔夫冈，请你再说一遍。

沃尔夫冈：当我们在任意地方碰撞铙钹，由于撞击铙钹就会开始晃动，虽然我们看不见这个过程，但是它一直在来回晃动，就这样发出了声音。如果我们把手放在铙钹上，它就会停止发声，因为它不能够继续晃动了，应该就是这样的。

赖纳：如果它跟橡胶撞在一起，就不会晃动。

迪特马尔：不能够这么说，我们必须得去证明。这里有一块橡皮，我们得来做个实验，是不是，蒂尔老师？

实验：将一块铙钹撞击在一块橡皮上。

赖纳：它晃动了，因为它在发声，但是不像用鼓槌敲打时那样明显。

斯特凡Ⅱ：橡皮肯定是硬物。

托马斯：铙钹通常都是撞击在硬物上。

赖纳：它总是与硬物相撞，物体越软，铙钹发出的声音就越轻。

老师：我们可以用棉花来试一下。

托马斯：棉花很软的。

老师：按照赖纳的想法，会出现什么现象呢？

所有同学：发出很轻的声音。

实验：将一块铙钹撞击在一块棉花上。

斯特凡：赖纳说得对，声音变轻了。

老师：原本这节课我是想跟你们一起探索另一个方向的，

但是现在你们把我带到了这个方向，探究声音是怎么产生的。在这个过程中我们已经弄清楚了。

斯特凡Ⅰ：如果我们使物体晃动，例如铁片，它就会发出声音。

托尼：如果物体再硬一点，就更适合发出声音。

迪特马尔：用铅笔，铅笔很硬，更适合发声。

斯特凡Ⅱ：用彩笔也可以。

托马斯：但是它们没有区别，发出的声音是一样的。

托马斯：声音是一样的。

拉尔夫：让物体晃动，就会产生声音。小提琴琴弦晃动，就发出声音。

斯特凡Ⅱ：所有的乐器都是这样吗？发声的时候总有某样东西在晃动？

老师：我们思考一下，我这里有几把乐器。

实验：敲一把木琴。

托尼：木块在晃动，我们也可以用手让它停下来，它就不晃动了。我可以试一下吗？

（声音马上就消失了。）

实验：敲击一个三角铁。

托马斯和其他人：它也在晃动。

沃尔夫冈：所以当我们使某些东西晃动时，就会发出声音，这一点我现在才知道。我还知道，怎样可以让声音停下来，只需要使晃动停下来就行了。物体来回晃动，就会发出声音。

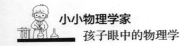

托马斯：我们看不到木琴的晃动，但是我们可以用手感觉到它的晃动。

赖纳：如果我们用铅笔敲打铁片，它会晃动，并且会发出声音。

迪特马尔：当我们击打物体，物体晃动，就会发出声音。哪怕我们看不到它在晃动，但我们可以感受到它的晃动。

斯特凡Ⅱ：我们不可以说，敲击物体后就会发出声音，这中间必须加上一句，物体晃动了。

沃尔夫冈：把铙钹放在桌子上，敲击它，铙钹只是短暂地发出声音，因为桌子阻碍它晃动，因此物体在空气中是最容易进行晃动的。

迪特马尔：如果我们把手放在上面，也会阻碍它，它就会停止发声。

赖纳：因为它不能晃动了。

托马斯：说到鼓，鼓面会晃动发声。我们也可以用手阻碍它晃动，当鼓面晃动的时候，就会发出声音。

拉尔夫：当我们敲鼓的时候，鼓面首先向内凹陷，然后又向外弹回来，然后又向内凹陷，就这样形成晃动。

托马斯：当赖纳把手放在上面的时候，声音就消失了，赖纳就是声音终结者。

1969年7月5日，第二节课。

老师：还有人记得，声音是怎么产生的吗？

迪特马尔：必须先敲击某个物体，然后会发出声音。

老师：我认为，迪特马尔的话中间漏了点东西。

沃尔夫冈：迪特马尔忘记这中间发生的事情了。击鼓之后，鼓面一定会晃动，当物体晃动，来回抖动的时候，通常就会发出声音。

赖纳：木琴、小提琴都是这样，也会抖动。

托马斯：上节课我们已经弄明白了，当物体晃动或抖动时，就会发出声音。

托尼：但是我们并不总是能看到物体的晃动，只有特别仔细地观察才能看到。

斯特凡Ⅰ：但是我们可以感受到物体的晃动，可以用舌头，也可以用手。当一架喷气式飞机从屋顶上空飞过，窗户也会晃动，然后也会发出声音，不对，发出噪声。

沃尔夫冈：我要问一下斯特凡，喷气式飞机是怎么让噪声晃动窗户的呢？

停顿10秒钟。

老师：是啊，它是怎么做到的呢？

停顿8秒钟。

斯特凡Ⅱ：喷气式飞机发出的声音、发出的噪声撞在窗户上，使之晃动，因为它与玻璃发生了撞击。当我们对着自己的手喊叫时，声音也会挤压我们的手。

老师：我想给你们看一点类似的东西，每个人可以把这个手鼓拿在手里，然后我朝着手鼓的方向喊叫，每个人都要把手放在手鼓鼓面上，然后说一下自己的感受。之后你们可以自己

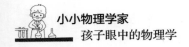

对着手鼓喊叫。

托马斯：鼓面在晃动。

托尼：滑溜溜的！（有着开玩笑的意味）

斯特凡：声音撞到了这上面，它猛地撞了一下。

赖纳：一个人举着鼓，把手贴在鼓后面，另一个人对着鼓喊叫，声音穿过空气，我可以感受到声音的撞击。声音向内挤压，跑到鼓面里，它进去了，又想跑出来，但是它出不来，于是又跑回去，就这样不断来回，我感受得到这个过程。

迪特马尔：一个人从两米远的地方朝着鼓叫喊，并且把手放在鼓旁边，这时声音进入，向外挤压鼓面，然后又回去，然后再次挤压鼓面，我感觉得到。

沃尔夫冈：我们的耳朵里也有鼓膜。当声音进入耳朵的时候，鼓膜也会晃动。对吗，蒂尔老师？

老师：没错，沃尔夫冈，我们有着完全一样的鼓膜。当声音或噪声传入我们的耳朵，穿过耳道到达鼓膜，使之来回振动，这种振动被传导到大脑，我们就听见声音了。

托马斯：妙极了！耳朵里也会有晃动呀。

老师：现在我们可以试着说一说，例如，声音是怎么样从迪特马尔传到托尼那里的？

沃尔夫冈：当迪特马尔叫喊或敲鼓的时候，声音从迪特马尔那里传到托尼的鼓膜处，使之来回晃动，托尼就听到了声音。

老师：现在我们知道了，如果我们要让别人听清楚我们说的话，为什么要大声叫喊。

斯特凡Ⅱ：鼓膜的晃动要剧烈得多，这样我们可以更清楚地听见声音。如果说话声音很小，那么鼓膜只会轻微晃动。

斯特凡Ⅰ：当我现在听你说话的时候，我的鼓膜正在晃动吗？

赖纳：要不然你什么都听不见！

托马斯：如果有人对着我耳朵大叫，鼓膜会很痛的。

老师：我必须给你们补充一些内容。战争中发射炮弹或采石场炸药爆破时，在场的人必须尽可能地远离，避免声音过大对耳朵造成损害。

斯特凡Ⅱ：因为声音太大的话，鼓膜会破裂的。

老师：没错，斯特凡，就是这个原因。所以在场的人要用手捂住耳朵，或者干脆张大嘴巴。

沃尔夫冈：为什么，蒂尔老师？为什么要张大嘴巴？

老师：现在你们可以理解他们为什么要捂住耳朵，这样的话，声音根本就不能进入耳朵。但是如果他们张开嘴巴的话，就不需要捂住耳朵了。因为在口腔与耳朵之间有一个连接通道，当我张开嘴巴时，声音分别经过口腔和耳朵同时到达鼓膜处，经过耳朵的声音传到鼓膜的一边，经过口腔的声音则传到鼓膜的另一边。

沃尔夫冈：现在我明白了，当声音从鼓膜两边进来的时候，它就不会破裂了，只是紧紧地挤压鼓膜。

老师：有人可以用手鼓演示一下这个过程吗？

斯特凡Ⅰ：是这样的，如果声音从这里和这里过来的话，

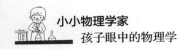

鼓膜就不会破裂，但是必须是同时从两边过来。

赖纳：但是我们必须先知道这一点，爆炸的时候要将嘴巴张开。

斯特凡Ⅱ：我的耳道有点堵塞。

托马斯：如果用鼓槌同时敲击鼓面两侧，它也不会破裂，只有从一侧敲击时才可能破裂。

托尼：士兵们必须得张开嘴巴。

老师：我们现在一直停留在一个问题上，我和托尼中间必须发生一些什么，才能让他听到我的声音，也让我听到他的声音？

赖纳：我们有耳朵，这就够了。

老师：当然，当然，针对我这个有点笨的问题，这也算是正确的回答了。但是是怎么一回事呢？我们可以思考一下，声音是怎样从我这里传到托尼那里的？

停顿10秒钟。

托马斯：我还没有想法。

老师：请你们想一想，声音需要一定的时间才能传到我们这里。

赖纳：是这样的：您用嘴巴说话的时候会发出声音，声音进入我的耳朵里，使鼓膜晃动。

拉尔夫：但是声音是怎么传到托尼的耳朵里的呢？这一点儿也不简单。

斯特凡Ⅰ：首先您张开了嘴巴，将声音吹了出来。当声音轻轻撞到手上的时候，我们就察觉到了它的存在。

托马斯：声音里有空气，空气和手碰撞，我刚才感觉到了。

沃尔夫冈：说到底，声音只是空气。

拉尔夫：不对，空气只是承载着声音。

赖纳：空气在推动声音。嘴巴发出声音，空气将声音推到托尼那里。

沃尔夫冈：空气不需要推动声音。当蒂尔老师叫喊的时候，他就发出了声音，声音独自传到托尼那里，然后声音使鼓膜晃动。

斯特凡Ⅰ：但是鼓膜肯定马上就会晃动，因为您说话的时候，您的鼓膜也在晃动，我们自己可以听见自己说的话。

迪特马尔：之前那个问题是什么，蒂尔老师？

老师：我们想要弄明白，在我说话和托尼听到我说话的这个过程中发生了什么。现在我们确定了两种看法。沃尔夫冈认为，声音不过只是空气；而拉尔夫认为，空气只是承载着声音。

赖纳：如果没有空气，我们就无法与彼此交谈，人会窒息而死。

沃尔夫冈：如果没有空气，我们就听不见，因为声音就是空气。鼓与空气发生碰撞，空气传到另一只鼓。

老师：看来声音本身就是空气，还是空气只是承载着声音这个问题并不容易回答。那现在我们就试着问一下大自然，这是怎么一回事。

斯特凡Ⅱ：那我们必须得做实验，可能就会明白了。

老师：那你们也许知道我们要做一个什么实验呢？

沃尔夫冈：必须得把托尼送到太空里去，那里没有空气，让他在那里喊叫，但是我们做不到。

赖纳：在录音带上，在绿色的带子上可以看到我们是怎么说话的，它会晃动。

托马斯：当我们大声说话的时候，录音带比我们小声说话时抖动得更厉害。

斯特凡Ⅰ：声音在撞击着，它和空气一起传到麦克风上，然后进入到机器里。

沃尔夫冈：我知道人在说话的时候，会将空气从嘴巴里吹出来，空气就是声音。然后空气撞击另一个人的鼓膜，这个人就听到声音了。

托尼：答非所问，还是没解决问题。

斯特凡Ⅱ：我知道一个实验。我们击鼓，鼓面会晃动，然后会有声音，这一定是晃动造成的。

老师：请你们思考一下，什么东西离鼓面最近？

托马斯：空气。

老师：如果我现在击打一下鼓面，它会晃动。那现在空气会发生什么？

沃尔夫冈：空气会被推开，就这样被推走，因为鼓面在来回晃动，所以鼓面附近的空气也在来回晃动。

老师：那为什么之后我会听到鼓的声音呢？听见声音的时候，我的鼓膜肯定也要晃动啊。

停顿5秒钟。

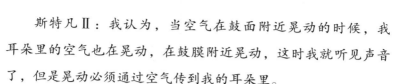

斯特凡Ⅱ：我认为，当空气在鼓面附近晃动的时候，我耳朵里的空气也在晃动，在鼓膜附近晃动，这时我就听见声音了，但是晃动必须通过空气传到我的耳朵里。

迪特马尔：声音恰好从鼓传到我的耳朵里，笔直传过来。

老师：不对，我们很容易就能确定这一点。如果我在一片旷野上朝着一个人大喊，然后坐在我身后那棵树上的人也能听到我的叫喊声吗？

赖纳，托尼：不能，不能！

拉尔夫，迪特马尔：可以，他可以听到。

老师：那我头上吊在降落伞上的人可以听到吗？

所有同学：可以，他也能听到，肯定能听到。

老师：我发出的声音发生了些什么呢？

拉尔夫：它朝着各个方向传播，只是它进不去泥土里，那里没有空气。

赖纳：但是可以进到矿井里，那里有空气。

托马斯：声音朝着各个方向传播，空气朝着各个方向跑。

沃尔夫冈：如果我们只想朝着一个方向叫喊，我们可以用手这样围住自己的嘴巴，这样声音就不会往旁边去，会有一点点声音往旁边跑，但主要还是向前跑。

斯特凡Ⅰ：这样做的话，声音就不会有什么损耗，它主要向着前面传播，朝着需要听到声音的地方，只有很少一部分声音会向后传播。

老师：现在我想给你们演示一下，声音是如何从它产生的

157

地方传到你们的鼓膜处的。我们拿两只鼓，在其中一只鼓上用线挂一小根粉笔，让它轻轻垂在鼓面上，刚好碰到鼓面，然后我敲打另一只鼓。

实验：粉笔块被弹开。

沃尔夫冈：这只鼓受到击打，开始晃动，附近的空气被推开，声音飞向另一只鼓。声音想要继续往前，但是它穿不过去，于是使鼓面形成一个凹陷，凹陷使得粉笔块飞起来。然后凹陷缩回去，再次弹出来，就这样不断地使粉笔块弹起来。

斯特凡 II：这是空气的作用，第一只鼓使空气晃动，因为鼓面在来回移动，晃动的空气飞向另一只鼓，撞击鼓面，另一只鼓的鼓面也开始晃动。

赖纳：当我们发声的时候，声音也在喉咙里晃动，它就是这样抖动，发出嗡嗡声。

老师：赖纳，你观察得很仔细。请你们把一只手放在自己的喉咙上，然后开始说话，发出嗡嗡声。

赖纳：这就像收音机一样，当我们把手放在喉咙上，它也会抖动。

老师：赖纳的喉咙里有台收音机。

沃尔夫冈：但是声音会从那里的任何地方出来。

老师：那我必须告诉你们声音在喉咙里是怎么产生的。人都有声带，就和小提琴上的琴弦差不多。当人说话的时候，就会挤压空气碰撞这些琴弦，这些琴弦就开始晃动、开始抖动……

沃尔夫冈：那就像鼓一样，鼓面的晃动通过空气传到我耳朵里，传到我的鼓膜，使之晃动，然后我就可以听见声音。

老师：也许我们可以用一个更好的词来代替晃动这个词。

斯特凡Ⅰ：抖动，也表示来回移动。

赖纳：嗡嗡叫。

老师：科学家们一般会用振动这个词，例如，声带振动、琴弦振动、鼓膜振动。

斯特凡Ⅱ：当声带晃动，不对，振动时，可以发出各种声音吗？可以大声、可以小声、可以发出a、b、c的音？

老师：是的，人们利用声带几乎可以说出所有的话，发出各种声音。

迪特马尔：然后我的鼓膜振动又会说出您刚才说过的话吗？

沃尔夫冈：很明显，它就会像蒂尔老师喉咙里的声带一样振动，你的鼓膜也会振动。

托尼：当我们拉小提琴的时候，琴弦晃动……振动，它推动周围的空气使之晃动……振动，我们就听到声音。

拉尔夫：因为你的鼓膜跟着一起振动，所以你听得到声音。当你听到声音时，鼓膜在振动。

斯特凡Ⅰ：蒂尔老师，为什么我们这样子（敲桌子），会听到声音？

老师：是啊，为什么会听到这个声音呢？

沃尔夫冈：总之，我们所有人都听到了，也就意味着肯定有什么东西在晃动，它振动了，使得我们的鼓膜也振动，这样来回振动。

斯特凡Ⅰ：有可能当我们这样敲桌子的时候，是桌子在振动。

老师：这种振动，我们当然很难看见。

斯特凡Ⅱ：如果是很薄的桌子就可以清楚地看见它是怎么振动的。

老师：厚桌子我们也能看见它的振动。我在这块板子上撒一些锯木屑，用拳头在这上面敲打。

实验：锯木屑跳动起来，排成某种形状。

托尼：它们跳起来了，因为它们在振动，在我拳头的敲击之下。

迪特马尔：桌子也在振动，使得空气振动。

托马斯：铙钹也振动了，如果我们使振动停下来，那就没有声音了。

老师：谢谢大家！

1969年7月12日，第三节课也是最后一节课。

老师：你们可以说出几个你们见过的乐器的名称吗？

赖纳：喇叭、鼓和小提琴。

迪特马尔：吉他和，不对，哦，是的，钢琴还有手风琴。

沃尔夫冈：有铙钹、木琴还有竖笛。

老师：这些乐器有一个共同点，那就是用它们可以发出声音，进行演奏。今天我们要试着弄清楚，这些乐器，至少是其中大部分乐器是怎么发出声音的，有的乐器的发声方式我们已经很熟悉了。

几位同学：比如说鼓！

斯特凡Ⅱ：我们用鼓槌击鼓，鼓面向内凹陷，随后弹回来，就产生了声音。

沃尔夫冈：刚才斯特凡说过了，鼓面会弹回来，但它是自己弹回来的，然后鼓面就这样来回晃动。

老师：我们之前讲过一种别的说法。

沃尔夫冈：鼓面这样来回振动。

斯特凡Ⅰ：当鼓面这样晃动时，就会产生空气，空气会离开，空气会被挤开，朝着鼓面弹向外面的方向离开。

托尼：而振动的空气，我们可以通过粉笔块看到它，它使得我的耳朵振动。

沃尔夫冈：是你的鼓膜振动，不是耳朵振动。

老师：有没有人可以借助弹起来的粉笔块将这个实验再讲一遍呢？

托尼：我们在一根铅笔上绑了一根线和一小块粉笔，然后我们敲击另一只鼓，声音就从这只鼓传到另一只鼓，然后粉笔块开始晃动。

老师：托尼是不是有地方没有讲清楚？

拉尔夫：是的，另一只鼓的鼓面肯定也会晃动，因为它在晃动，粉笔块就这样被弹开了。

斯特凡Ⅰ：那如果耳朵里的鼓膜坏掉了会怎么样呢？

老师：那我们还是可以听见声音，只不过听不太清楚，而且游泳的时候必须注意，否则耳朵就会进水。幸运的话通常只

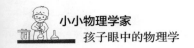

有一只耳朵的鼓膜会出问题，但是另一只耳朵还是可以听见声音，所以这种情况下我们也能听得比较清楚。现在我们可以清楚地来看看另一种乐器发声时它是怎么振动的。

停顿10秒钟。

斯特凡Ⅱ：您指的是吉他吗？我们弹或敲的时候，琴弦就会振动，然后就有声音了。

老师：看这边，看我弹吉他！

赖纳：它在快速地来回移动，特别是这根琴弦，它在振动，我们可以看到。

沃尔夫冈：但是这细细的琴弦不能像鼓一样推开很多空气，从它发出的声音也听得出来。

托马斯：如果发出声音的话，那么那里的（指着琴弦）空气肯定会被推开，并且振动。

斯特凡Ⅰ：空气一定会被推开，然后又传过来，振动着，说得没错。铙钹也会这样抖动，它发出声音的任何地方都在抖动，都在振动。

迪特马尔：但是这种振动肯定会一直传到耳朵里，传到鼓膜处，鼓膜肯定也会振动，会抖动。

沃尔夫冈：铙钹也会晃动，我们相互击打铙钹，它们开始晃动，将周围的空气挤开，然后空气使得我们耳朵里的鼓膜开始晃动，就这样，我们听到了声音。当我们把舌头放到这上面，舌头会很痒，这是因为铙钹在不断来回运动，我们感受得到，我们不需要看见所有东西。

迪特马尔：但这是极其微小的晃动，小提琴和吉他的晃动也是很微小的，但是我们能听到声音。而齐特尔琴的振动是看得见的，这可能也是它名字的由来，因为它能抖动❶。我就有一把齐特尔琴，必须用大拇指和食指弹奏。

拉尔夫：我们昨天在沙地上做了一个实验，赖纳、迪特马尔、斯特凡Ⅱ和我。我们把耳朵放在铁栏杆上，一个人站在远处敲击栏杆。栏杆太厉害了，它也会振动，就像一口教堂的钟。只是听到声音的人都在咯咯地笑。

赖纳：我们很快就离开了。

老师：我知道一个与此相关的故事。你们知不知道什么是铁路交叉道口？

沃尔夫冈：就是火车从一条街上开过去的地方。

老师：说得没错。如果开车的人没看见有火车开过来，就开车穿过街道，这是很危险的，所以曾经有个部长给汽车司机一个建议，建议他们下车把耳朵贴在铁轨上，听一听是不是有火车开过来。你们觉得这个建议怎么样？

斯特凡Ⅰ：他们可以听到吗？

老师：现在那几个"听栏杆的人"肯定知道答案。

赖纳：我认为他们可以听得很清楚，声音就在铁里面。

老师：是的，隔着很远的距离就可以听到火车的声音，但

---

❶ 德语中齐特尔琴（Zither）一词的发音与抖动（zittern）一词的发音很相近。——译者注

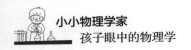

是如果火车已经离得很近了……

赖纳：那它就会把人的脑袋压扁。

老师：所以部长的这个建议很糟糕。有谁会趴在地上去听呢？大家更愿意看。

沃尔夫冈：桌子上也可以，当我们敲桌子的时候，我们也可以听到声音。通过锯木屑我们看到了桌子在振动，因为锯木屑在跳动。

拉尔夫：迪特马尔口袋里有一只铁皮青蛙，他说过要给您带过来。

老师：那让它学青蛙叫一下吧，迪特马尔。

斯特凡Ⅱ：当我们这样往下摁的时候，它就会晃动，然后发出呱呱的叫声。它只会晃动，嗯，振动一下，但是发出的声音很大。我们永远都看不到它是怎么振动的，只有在最开始的时候才能看到一次。

老师：现在我们知道了声音、声响、噪声是怎么产生的，也就是当一个物体振动、晃动、抖动、颤动等的时候，就会发出声音。但是还有一个需要解答的问题，声音是怎么从声源处传到我们这里的呢？

沃尔夫冈：这就需要空气，空气承载着声音，将它带到耳朵里来。

老师：那在太空里，在没有空气的空间里呢？

迪特马尔：在那里肯定说不了话，就算说得了话，也听不见说的话。

赖纳：真是不可思议，在那里跟别人什么都说不了吗？

斯特凡 I ：谁可以将声音传到你的鼓膜呢？只有空气可以做到，空气使你的鼓膜振动。

拉尔夫：那在太空里就必须把要说的话写在纸上，然后给别人看。

沃尔夫冈：但是聋哑人可以看懂唇语，他们会学唇语，他们就不需要空气。

老师：谢谢你，沃尔夫冈，你说得对，聋哑人会学习唇语。我听过一个故事。英国女王环游世界时曾坐车游览一座城市，因为她很累，想坐下来，站在她旁边的菲利普公爵就说了一句："你这个可怜的累死鬼，再给我站几分钟！"没有人听到他说的这句话，只有一所聋哑学校的孩子们站在路旁，突然放声大笑。

斯特凡 II ：他们读懂了菲利普公爵的唇语，这太不可思议了，不是吗？

老师：上节课我们还讨论了人是怎么发出声音的。

迪特马尔：用嘴巴。

赖纳：用舌头。

托马斯：我们也需要用到嘴巴和舌头，但最重要的是喉咙里的说话带。当空气进行撞击的时候，说话带就会振动。

老师：我们有一个别的词来替代说话带，因为人不只是用它来说话。

沃尔夫冈：声带。声带振动，我们就可以听到声音，人利

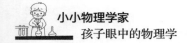

用声带可以发出各种声音。

斯特凡Ⅰ：那女性肯定有别的振动带，因为她们说话的声音特别高。

老师：女性的声带更短一些，所以她们说话的声音更高一些。如果我把吉他的琴弦缩短一点会怎么样，你们仔细听！

实验：缩短琴弦，声音变高。

赖纳：声音听起来变高了，没错，我们都发现了。

斯特凡Ⅱ：但是我们也可以把弦绷得更紧一点，声音也会变高。

迪特马尔：齐特尔琴上有一个调节钮，也可以把琴弦绷得更紧，声音也会变高。

老师：女性可能也有绷得更紧的声带，它的效果和短声带是一样的，但是医生已经确定，女性的声带比男性的声带要短。

声音与声传播

🏛 03　第三份记录表

主题：为什么船会漂浮

四年级，23名男生（8岁3个月~9岁5个月）。1968年11月26日，星期二，第一节课。

老师（蒂尔）在讲述参观汉堡港的经历，讲到有很多船，特别是铁皮货船装载的沙子都快堆到船边上了，但它还是浮在水面上。

让一艘10厘米长、上端开口的塑料船漂在水上，然后提问，为什么船会漂浮在水上，接着让孩子们发言。

马丁：这艘船并不只是一块大橡木，它是有形状的，里面还有空气，它和小船是一样的，这里有空气，把它放进水里，也不会有水跑进去，所以它肯定会浮起来。

伯恩哈德Ⅰ：这边这个小东西，空气可以从它上面出来，如果轮船也是这样，那空气就可以从上面出来，而水更重，蓝色的船也比空气重，所以它也可能下沉。

斯特凡Ⅰ：我认为……我在我家浴缸里做了一个实验，我让一艘小船浮在水面上，然后我用水灌满整艘船，船沉了。原本只有空气可以载船，不管船是不是重达百万吨，因为空气比所有东西都要强大得多。

托马斯Ⅰ：船会排开水，例如，在一片很大的湖中，船会将水排开，而水会从下面一直往上挤压船，水也想留在湖中。比如你把手伸进任意一个水桶里，水就会变高，水面会上升，

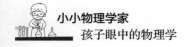
船也是这个道理。

乌韦：就像托马斯说的，船会排开大量的水，将水挤到旁边去。水和空气一样不想有凹陷，就会把船挤向高处，船就不会下沉。

伯恩哈德II：我曾经让一块木头，这样的一个坚果壳漂在水上。我往里面灌水，但它还是漂浮着。

伯恩哈德I：嗯……

格奥尔格：马丁之前说过，一艘钢船是空心的，但是一艘木船可能是实心的，人也可以坐在那上面，例如竹筏，它不一定得是空心的。

马蒂亚斯I：船里有空气，空气不会下沉。

罗比：我认为，船会浮起来是因为船能排开水，有一条自然规律叫作，据我所知啊，当一个物体进入水中，它将水排开，然后这个物体就会变轻许多，以至于它可以漂浮起来。

维尔纳：如果我们把一块石头扔进水里，它排开的水太少，所以它浮不起来。如果是又小又重的东西，那它们就漂不起来。

托马斯I：我认为如果是一块平整的石头，如果我们水平地把它扔到水里，让它的下表面接触水面，那它就会跳起来。如果你将一块塑料，一块非常平整的塑料……一块非常平整的石头放在水面上，当它排开水的时候，它肯定会漂在水面上，它就像船一样会排开水。

格奥尔格：对对对（批评性的语气）。但是石头必须前进，如果它不前进，那它就得是空心的，除非它是木头。

老师：好让它浮起来。

格奥尔格：没错，但它是块石头啊。

伯恩哈德Ⅰ：木头能漂浮，很可能是因为它里面有空气，而木头里的空气和围绕在木头外部的空气就像一个壳，里面的空气出不来。所以就算木头里进了水，它也可以漂浮。如果木头腐烂了，空气就会跑出来，或者说木头烂了，长满了洞，空气也很容易出来。如果木头腐烂得很严重的话，那它也会下沉。

乌韦：但是我还想就格奥尔格的话再补充一点。他说石头不会前进，这一点没错。那为什么船会前进呢？它之所以前进，是因为它有螺旋桨。

伯恩哈德：或者是用船帆。以前只有帆船，螺旋桨是很新潮的东西。人们使用帆船的时间要长得多。

托马斯Ⅰ：我觉得我们必须回到正题上来。

马丁：不只是帆船和螺旋桨，之后又有了划艇。

托马斯Ⅰ：我们得回到正题上。

罗比：总之……船能漂浮，可能是因为当它排开水的时候，它就变轻了，然后它就开始漂浮。船排开的水越多，它就可以更好地漂浮。我认为，与船的重量相比，排水量肯定更多。

托马斯Ⅰ：那这样说的话，一块石头也应该可以浮在水上，它也会排开水。

罗比：没错，但是石头太重了，它排开的水太少了，它的重量比它的排水量要大。

斯特凡Ⅰ：煤块能漂浮，我曾经向水里扔了一块煤，它沉

169

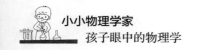
下去了，突然又冒了上来，所以煤块可以漂浮。

格奥尔格：也有这样的铁矿石，但是石头上有这种奇怪的洞，这种小小的、白色的洞，它也可以漂浮。

弗兰克：当我们跳进水里的时候，我昨天游泳的时候试了，当我跳进水里的时候，觉得很痒，两条腿痒，全身都痒。当我们跳入水中，水里就会出现一个洞，空气也会进去，然后它马上就想往上走，紧接着就真的往上走。而被排开的水想再次汇聚到一起，然后它们就再次汇聚到一起，接着空气再次往上走，这才让人觉得痒。

尼古拉 I：我还想就格奥尔格的话再说几句。他说一块有洞的铁矿石也能漂浮，但是它能漂浮只是因为洞里面有空气，空气无法被挤下去，所以石头可以浮在上面。

托马斯 I：我们必须在石头上打洞，然后石头肯定就可以浮起来了。

马蒂亚斯 I：空气比水轻，当空气进入水里时，它会变得更轻，它不想待在水里，所以它又往上跑，而船下面的空气也不想待在水底下，所以船才不会下沉，空气想要一直留在上面，不想下去。

约尔格：我想对尼古拉说：格奥尔格说的不是铁矿石。

格奥尔格：是小溪里的一块白色石头。

伯恩哈德 I：但是如果我在一块石头上打洞，只有当我把这些洞堵住的时候，石头才能漂起来。而煤块其实也是这样的，因为它里面全是洞，有空气在里面。如果我现在把它扔到水里去，它不会下沉，因为里面的空气出不来，但是如果我现在把这块石头里所有的洞都打通，这样所有的空气都可以跑出来，出现了一个很大的洞，那这块石头马上就会下沉，因为空气不能留在里面了，这块石头变重了一点，然后它就会向下挤压，空气就会跑出来。

伯恩哈德Ⅱ：但是一艘船也有洞，而且更大一点，不过我觉得我知道这是为什么，因为船的骨架更大，更大的骨架就可以有更大的洞，而较小的骨架也可以……不可以有这么大的洞。

马丁：但是苹果也可以浮起来，而且苹果里面也没有空气，但是苹果里面有氧气，氧气也比水轻一点，外面是一层果蜡，或者就像人们所说的，苹果里的空气，氧气也出不来，所以它能浮起来。

伯恩哈德Ⅰ：但是苹果漂浮也只是因为它的果核，果核里面有空气，而苹果也不是真的完全挤在一起，以至于里面没有空气，它有一点点像沙子，沙子里面是有很多空气的。而外面的果皮使得里面的空气不能出来，所以苹果就可以浮起来，因为空气出不来。如果我现在用一根很粗的针将苹果到处戳出洞，当我把它扔到水里时，它也会下沉，因为空气跑出来了，它肯定已经被整个刺穿了。

乌韦：但是如果一艘船上有一个洞，为什么它就不能漂浮了呢？

伯恩哈德Ⅰ：因为空气可以从船上方出去，船挤压出一个凹陷，而水总是想变平整。倒霉的是，如果现在船上有一个洞，水就会跑进去，空气就会从上面跑出来，因为现在空气不

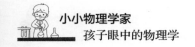

是那么强大了，它可以从上面跑出来，往上跑，而水又总是想变平整，它就会流进船里，然后整艘船充满了水，船就会被向下压，因为它实在是太重了，就再也浮不起来了。

托马斯 I：我可以画一幅画吗？比如这里是一片湖，船漂浮在湖面上，大概在这么远的地方。船将水排开，船周围只有水，船里面没有水，然后船排开水，被船排开的水往下走，将船挤向高处。

老师：托马斯的想法也是来自那些我们得仔细研究一下的人。

罗比：我曾经在浴缸里做过一个实验。我先是捏住一个酸奶杯子的上半部分把它放在水面上，然后把它倒过来，按入水中，一直按到浴缸底部，然后松手，接着酸奶杯往上跳，因为它轻得多，所以又出现在水面上。

约尔格：反正铁比水重，因为里面有空气，所以空气承载着铁，如果现在船上有一个洞，那水就可以进去，因为水也会向上挤压空气，否则我们就会撞到水底，这可是一场巨大的风暴啊。当水进到船里，船就会下沉，因为水将空气挤出去了。

1968年12月4日，星期三，第二节课。

老师：上一次我们试着解释了船能浮起来的原因。我们听到了不同的观点，今天我们要来探讨一下这些观点，检验一下它们的价值，可能还要寻找能告诉我们真相的实验。第一种猜测是，有些人说：如果东西要浮起来，里面一定有空气。这一猜测我们这节课要更仔细地探讨一下。

托马斯Ⅰ：为什么木头能漂浮，它不是充满了空气吗？

伯恩哈德Ⅰ：它并不是充满了空气，但是在木头里，我们可以看到，当人们砍树的时候，会有木屑飞出来，这些木屑之间的空间不是特别紧密，所以木头里还是有一些空气，周围有一层保护膜，空气出不来。我认为树中间，最里面，就是人们说的树心里有一些空气，不是特别多，但是有一点。我还可以继续说吗？上次有些人说，现在我持反对意见，他们说船把水挤到旁边，这没错，但是水不想继续往外走，它就在周围移动，水也不想有凹陷，船就在浮在水上面。但是假设我们现在让一片湖上没有任何船只漂浮，我们在湖外面挖又大又深的洞，这些洞离湖水就这么一点点远，洞周围都是沙子，很容易塌陷。如果我们现在将一艘船放到水面上，那么现在这四五个大坝都会垮掉，因为水会挤压这些沙子，但是这种事情不会发生，原本……这好像又不对了！

老师：我们暂时先把这个观点放在一旁。托马斯Ⅰ的观点是，水被船排开，我们下半节课再来探讨这个观点。但现在我们要来思考一下，空气和漂浮有什么关系。伯恩哈德Ⅱ可以继续说了。

伯恩哈德Ⅱ：我发现空气会上升，会进入船里，会产生挤压。当我浮起来的时候，我肚子里也有空气，所以我也会停留在水面上。但是如果我现在干瘪瘪的，肚子里没有空气，那我很快就会沉下去。

老师：所以我们要做点什么来对抗下沉。

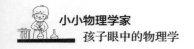

伯恩哈德 I：深吸一口气，让肚子里充满空气。

斯特凡 II：如果船底部有个洞，水就会进去。托马斯 I 的观点是对的，他认为船会将水挤到旁边去，而水不想有凹陷。但是现在如果船上面有个洞，水马上就会过来，想恢复到平整状态，空气会向上逃跑，因为现在有两个入口了。

托马斯 II：但是我认为我们对此可以做点什么，让船不会下沉。

托马斯 I：当我躺在水面上，我就在挤压水，当我身体里有空气的时候，我可以屏住呼吸，这样子，我就可以漂浮在水面上。

格奥尔格：如果是一个死人，那他肯定不能屏住呼吸。我也不明白这是怎么回事。

伯恩哈德 I：人构成了一个空心的十字架，肚子前面有水，然后水往上拉，人就不会下沉。但是我注意到一点：为什么人可以潜入水中？当人漂浮在水面上，身体里有空气的时候，是怎么潜水的？有的潜水员还带着通气孔和吸气管这些东西潜水，这里面也有空气啊。斯特凡 II 说"我可以浮起来，只是因为我身体里有空气"，这话没错，但是为什么我又可以潜水呢？我就不明白了。

伯恩哈德 II：就算是深海潜水员也会穿铁质潜水服，它比水要重得多，有时候还含铅，它也会使人下沉，空气对此起不到任何作用。

伯恩哈德 I：我们漂浮的时候也能潜入水中，而我们没穿铁质潜水服。我们跳入水中，头先入水，或者在水里漂浮，突然潜入水中，而且我们可以潜到很深的地方。

斯特凡Ⅰ：这是因为我们在游动，游动时我们就有了推动力，凭借这种推动力我们可以到水下面去。当我们跳进水里的时候，我们也会有推动力，这样也可以进入水里。

马蒂亚斯Ⅰ：如果我们站在水里，然后慢慢下蹲，我们也可以进到水里。

托马斯Ⅱ：但是只能到头这个位置，然后就会浮起来。

老师：如果我跳入水中，留在水底，留在泳池底部，一动不动……

马蒂亚斯Ⅱ：如果我们跳进水中，因为身体里有空气，通过游动又会往上走。

老师：游动有助于下沉，但是如果我停在底下不动的话……

斯特凡Ⅱ：如果身体里有空气的话，空气比水轻，整个身体会慢慢上浮，我在游泳课上试过。

伯恩哈德Ⅰ：骨骼、血液和其他东西都比空气轻一点。

托马斯Ⅰ：不对！

伯恩哈德Ⅰ：我是说比水轻，也就是说，如果我们身体里的血现在都是水，我们身体里全是水，只有肚子里有一点点空气，那我们就不能浮起来了，要浮起来就太难了，因为这一点点空气根本不足以让我们浮起来。

老师：如果我们学游泳的时候把这些气囊绑在手臂上，虽然只有一点点空气，但是它们能够将整个身体抬起来。

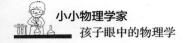

小小物理学家
孩子眼中的物理学

伯恩哈德Ⅰ：我现在是这样认为的，如果我们身体里只有水，那我们根本就不能浮起来。

老师：如果我往水面上洒水，那我洒出来的水会漂浮在水面上吗？

伯恩哈德Ⅰ：水从这里一点点往下流，然后突然停在那里。

老师：我也可以不摇动，把水倒进去。

实验：往水面洒水。

沃尔夫哈特：水向四周跑去，分散开来。

斯特凡Ⅱ：所以水在水里也能漂浮。

伯恩哈德Ⅰ：但是我们有皮肤包围着，我们不能四处流散。比如说一块石头上全是这样的洞，我把所有洞打通连起来，那么整块石头就只有一个洞了，那这块石头就会下沉。如果我在石头外面包一层膜，这样里面就有空气了，那石头就不会下沉了，但是如果我现在把这层膜拿掉，那这块石头就会下沉，这和我们的身体是一个道理。

老师：如果我们停在游泳池底部不动的话……

托马斯Ⅰ：当我把空气吐出来时，我可以停在底下，尽管我一直在游动，使自己可以留在下面。

老师：即使是醉酒的人也会上浮，因为我们的身体只比水重那么一点点，而死去的人身体里会产生气体。现在我们知道了：任何东西里有空气就可以漂浮，但是也有一些物体里没有空气，它们也能漂浮。

实验：用橡皮擦和蜡烛做实验，橡皮擦沉入水中，蜡烛

176

浮在水面上。

老师：真奇怪！又小又轻的橡皮擦沉下去了，而又粗又大又重的蜡烛浮起来了。

马蒂亚斯Ⅱ：这很简单。如果蜡烛只有橡皮擦这么大，那它就要轻得多，就会比这点水还要轻。如果这根蜡烛和这块橡皮擦一样大，那它就会比橡皮擦要轻，而橡皮擦比水重，所以橡皮擦会把自己往下压，而蜡烛比水轻，所以水会把蜡烛往上抬，因为蜡烛没有力量用来下沉了。

老师：现在我们让伯恩哈德Ⅰ用自己的话把马蒂亚斯Ⅱ刚才说的话再说一遍。

伯恩哈德Ⅰ：马蒂亚斯认为，如果这根蜡烛和这块橡皮擦一样大的话，蜡烛就会比橡皮擦轻，而橡皮擦比水重，所以它会把水向下压，蜡烛比水轻，因为它也比橡皮擦轻，所以它会被抬起来。我还注意到了一些事情，我曾经把一整块腐烂的树干扔进水里，原本它比水轻很多很多，但是它沉下去再也没有浮上来。

马丁：蜡烛也是这样的，它几乎只由油脂构成，而油脂里，我觉得，有气体，所以蜡烛可以浮起来，因为气体也比水轻。

老师：我们把蜡烛切开发现里面没有气体，也没有空气，原本这是很罕见的！20米长的笨重树干可以漂浮，而又小又轻的一芬尼硬币会下沉。

乌韦：如果树干只有一芬尼硬币这么大，这么小的一块树干，如果把它放到天平上，要轻得多了。因为它比水轻，所以

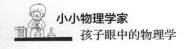

它能浮起来。

托马斯Ⅰ：树干肯定不止比一芬尼硬币轻，也比水轻。

斯特凡Ⅱ：但是这块树干里有空气呀，而一芬尼硬币经过压制浇铸成型，所以它里面没有空气，它就会下沉。

伯恩哈德Ⅰ：但是我还有一个与此相关的证据：一块铁和一个橡胶实心球，橡胶实心球下沉，铁块也下沉。即使我将这两个东西做成一样大，它们也会下沉，因为它们都比水重，但是蜡烛比水轻。

老师：蜡烛？

全班同学：蜡烛比水轻。

格奥尔格：当我们把一块腐烂的树干扔进水里，它会下沉，因为空气跑出来了，这个过程我们是可以看到的，它在水里冒泡。

罗比：我是个不会游泳的人，我还不怎么会游泳，但是有时候我在游泳的时候会有这种感觉：天哪！我在下沉！这时候我会马上把头抬起来，猛吸一口气，我就像一个橡皮垫子一样漂过去，然后我就能坚持游一会儿。

托马斯Ⅱ：我妹妹有一个这样的橡胶塑料玩具，如果我把它里面的气全放掉，它就会浮起来。为什么它会浮起来呢？

斯特凡Ⅱ：当所有空气都被放走时，它会漂浮，因为它比水轻！

老师：托马斯Ⅱ观察得很仔细。

托马斯Ⅰ：如果我们把一艘船放到水里，它肯定会浮起来，因为它里面是空心的。因为是空心的，所以船可能会漂浮。

马蒂亚斯Ⅱ：但是一个这样的杯子，它会下沉，可能是因为把它扔到水里的时候，它装满了水，就会下沉，但是如果它是空的，它会下沉，不对，它会浮在水面上，它的一个角浸在水里。

伯恩哈德Ⅰ：但船重多了，它还是可以浮起来，所以还是空气让船保持住漂浮的状态。至于那个球，如果我们把球里的空气全都放出来，它肯定会下沉。

实验：在水下把球里的空气挤出来。

所有同学：沉下去了！

弗兰克：我们也可以在塑料杯子里装满水，就像马蒂亚斯说的那样。

老师：我们做一个实验，发现装满水的杯子沉下去了。

所有同学：杯子现在立在了水底下。

沃尔夫哈特：有空气它就能浮起来，没有就不行。

尼古拉Ⅰ：但是这取决于杯子，如果杯子比水轻，就算没有空气也会浮起来。

斯特凡Ⅱ：我想看看，如果我们把球放到杯子里，再把杯子倒过来，球会不会将杯子顶起来？

老师：杯子倒着浮在水面上，所以空气和漂浮有关系！请你们在家把今天的实验再做一遍，并且创造一些新的实验。我们现在面临一个难题，我们想要独自解决这个难题。

罗比：我把所有实验都记下来了。

托马斯Ⅱ：然后人就变得更聪明了。

伯恩哈德Ⅰ：我还注意到了一些事情。当我把一个杯子放到水里，它会倒下来，不久就会下沉，但是如果我在杯子里装一点点水，然后它就可以稳稳地浮在水面上。

罗比：这很明显啊！如果杯子里有水，它就不会倒下来，也就不会有更多的水流进去了。

老师：很遗憾我们得下课了，我们明天继续讨论。

校园里充斥着讨论这些实验的话语声。

1968年12月10日，第三节课。

托马斯Ⅰ：我对船进行了很多思考，现在我明白了。船太大了，所以会排开大量的水，它排开的水的体积和它自己一样大，和船身一样大。因为水想留在湖里，于是它从旁边、从下面挤压船，船就浮起来了。

老师：请大家自行讨论吧。

伯恩哈德Ⅰ：但是当船向下挤压的时候，就会出现一个凹陷，为什么船不会整个下沉呢？因为水可以马上从上面流入船里，可以恢复平整状态，没有凹陷，那么水，那么这片湖又可以重新恢复平坦的水面。因为船会挤压，水里就会有一个凹陷，而湖水不想有凹陷。如果这里的水已经上升，它就可能继续上升，而船就可以一直下沉，然后可以……到底为什么船不会整个下沉呢？

老师：就是这个问题，船到底为什么不会整个下沉呢？

马蒂亚斯Ⅱ：我也可以做出这种假设，但是铁比水更重，至少这里面肯定有空气，否则船上的一切都不能运转。

马丁：如果船上有个洞，那么所有的水都会进去，空气就会从上面出来；如果船上没有洞，那空气就会留在船里面。

尼古拉Ⅰ：这一点我们早就知道了，每个人都知道。

马丁：船里也可能有一些氧气瓶，尽管如此，它还是会下沉，为什么它不会停留在水面上呢？

罗比：好的，我们从前面来看这艘船。这是水，从前面来看的话，现在船是这样子浮在水面上的。里面是板壁，木板可以漂浮，也不是很重，铁只是最外面的一层包装，可以这样说，铁在这中间将外界与船体分隔开来，它是如此坚固，不会被压扁，水的压力都冲击在这上面，但是它仍然坚守不退让，它也不会向里弯曲，这里还有一丝丝微风，这就是空气，有很多空气。这有点像我现在在制作一枚很大的一芬尼硬币，硬币里有一个很大的洞，它会浮起来。

老师：我们也可以用锤子把这枚一芬尼硬币锤扁，做成一块很大的金属薄片。

所有同学：它会浮起来。

乌韦：汽车轮胎的轮毂盖也可以浮起来，我做过这个实验。

托马斯Ⅱ：但是战舰是没有板壁的。

伯恩哈德Ⅰ：航空母舰还要重得多。

托马斯Ⅰ：（指着罗比的画）如果这上面都是空气，这上面一切都是开阔的，空气从上面下来，现在船里也有空气，整艘船里都是空气，罗比之前说过，如果船里有空气，船就会浮起来，而船浮起来了，我们可以用一个实验来试验

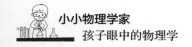

一下吗？

斯特凡Ⅱ：空气比水轻。此外，水根本进不来，因为任何地方都没有洞。

约尔格：众所周知，空气比水轻，如果现在在船底打一个洞，而船在挤压水，水就会涌进船里，空气就会跑出去，那么船就会下沉。

罗比：现在这下面有个洞，水就像喷泉一样涌进来，船会失去平衡，船进水了，就会变得越来越重，下沉得越来越深，因为它的重量一直在增加。船越重，它沉到水里的位置就越深。我们可以观察到这一现象，一艘空空如也的驳船，它旁边是一艘大小、构造、使用时间完全一样的驳船，但是载满了货物。满载货物的驳船入水更深，如果整艘船完全被货物填满，那它就会下沉。

托马斯Ⅱ：但是我们可以在上面做点什么。如果我们把船上的所有东西都密封锁起来，当船下面进水时，空气就会从上面逃跑，但是它跑不出去，因为上面已经全部被密封锁起来了，我认为洞可以出现在从这里到这里的任何地方（指着整个船身）。

马蒂亚斯Ⅱ：船可以漂浮，一定是空气有着和铁一样强大的力量，否则它浮不起来，空气甚至必须有更多的力量，也就是说，空气要更强，铁就没那么强，这样它（船？）才可以浮起来。

尼古拉Ⅰ：但是我认为，船能浮起来是有条件的：湖在这里，船在湖里，而船里有空气，空气根本不会被挤压到水里，空气想要一直留在船的上面，因为那里还有其他空气。

老师：如果这种观点是对的，那么某一次实验中所有的船肯定都会下沉。

托马斯Ⅰ：如果我们用一块橡皮泥，这里面没有空气，把它扔到水里，它会下沉。现在我用橡皮泥做一艘船，空气就进来了，它就浮起来了。

罗比：以前石器时代的人类也有这样的船，在慕尼黑德意志博物馆里可以看到，这种船是用稻草编织而成，外面涂上了沥青。

约尔格：现在它漂浮着，如果里面进水了，就浮不起来了。只要里面不进水，它就可以漂浮着，所以空气肯定对漂浮有帮助作用。

老师：我们的问题是，空气使船浮起来这个观点正不正确。我们该怎样找到一个实验去验证这个观点呢？

伯恩哈德Ⅰ：如果船里有水，它会下沉，这就和以前一样，当水上还没有船的时候，到处都是水，现在船会下沉，是因为橡皮泥比水重。

尼古拉Ⅰ：我们必须把空气从船里吹出来，让其他所有东西都留在船里，只是没有空气，然后我们看看船还会不会浮在水上。

沃尔夫哈特：也许可以装入蜡烛的蜡，我们可以一滴一滴地滴进去。

实验：橡皮泥做的船浮在水面上，船里面有蜡。

托马斯Ⅰ：所以并不是空气使得船浮在水面上。

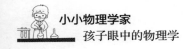

1968年12月11日，第四节课。

约尔格：我之前将一艘完整的木船放在浴缸里，让它漂浮，我当时就在思考：之前有水的地方，现在被船只的木板占据了，之前在原地的水都跑到旁边去了。

老师：我们设想一下，如果我们突然又把船拿走的话……

罗比：那个地方的水面又会变平，还和之前一样。

老师：我们可以很准确地说出有多少水流回来了。

托马斯Ⅰ：就正好是船排开的那么多，这很明显。

老师：本来这个现象是很罕见的，这些流回来的水并没有沉入其他水里。

格奥尔格：这根本行不通，因为下面也还有水，水浮在水面上，因为上层的水就在下层的水上面，而下层的水在浴缸底部的上面。

托马斯Ⅰ（画画）：这里是水面，下面是浴缸底部，其他全都是水。一只船漂浮在这里。现在这只船挤走了之前在这里的水，它也会挤压浴缸底部。这时候，其他的水也不能往别的地方跑，所以这艘船相当于就是立在了一根柱子上，因为水无法继续运动，因为还有很多别的水，这艘船总是从上往下挤压，它在水的下层也会一直挤压浴缸底部。

伯恩哈德Ⅰ：我也知道为什么人们要把船造成这个样子，因为当所有东西都倾斜的时候，水就可以更好地向上挤压，当船挤压水的时候，它就可以更好地漂浮。如果船是直的，那它就不好漂浮了。在我们看来，把船造成这个样子，水就可以更好地挤压船身。

格奥尔格：但是按照伯恩哈德的看法，战船就不能漂浮，因为战船的龙骨是尖的，但事实是它也可以漂浮。

伯恩哈德Ⅰ：我说的是这样可以更好地漂浮，我也知道战船可以漂浮。

斯特凡Ⅱ：我还想对托马斯Ⅰ说些话。他之前说，船向下挤压水，然后船是漂浮在一根柱子上，但是为什么船会下沉呢？如果是柱子在支撑的话，就不可能有船会下沉。

斯特凡Ⅰ：如果船上有个洞，那柱子就起不到支撑作用了，它就会像从船中间穿过去了一样消失不见。

托马斯Ⅰ：如果船里有个洞，那水就会进到船里。当船被拿走的时候，就没有东西挤压水了。只有当船挤压水的时候，水里才有柱子，如果船上有个洞，那船一定会下沉。

伯恩哈德Ⅰ：是的是的，水会上升，向上挤压船，船就在这里挤出一个凹陷，而水又想尽可能快地上升，就像之前我们打了洞的酸奶杯子一样，所以船不会下沉，因为船在没有洞的情况下，水就会一直从下往上挤压它；但是如果船上有一个洞，水就会涌进船里，把船往下压，因为有很多水涌进了船里，往下压，船就会下沉，而水这时候不会再向上挤压船了，因为它已经到了船里。

老师：当船里充满了水的时候，托马斯说的那根柱子就不在那里了……

伯恩哈德Ⅰ：没错，当船里充满了水，所有东西加在一起就比其他水重，因为铁比水更坚固、更重，当船里全是水的时候，再加上铁的重量，整艘船就比水要重一点，然后船就会马上下沉。

托马斯Ⅰ：我有一个很好的例子，如果您自己躺进水里，身体四周都是水筑起的墙，您整个人都被夹在中间，就像一个死人一样孤零零地漂在水上。

维尔纳：如果我们把一个易拉罐放在水上，它也会漂起来。

罗比：我有话想对托马斯Ⅰ说。有人说过：如果船里有个洞，那水就会从这里进去，我们说的那根柱子就不会再立在这里了，原本它是可以继续存在的，因为这是……我想把这上面画得更加仔细一点。这里是海底，这是海面，船漂浮在这上面，假设这里是这根柱子，现在这里面有个洞，然后水从这里进去，因为船舷就像一个环，而这个环也不是固定不动的，只有当上面的柱子比这个环上的开口更粗的时候，这个环才会不动。如果这个环上有一个这么大的开口，而柱子又只有这么粗，那么当我们笔直地把柱子顶在这上面，然后松手，这个环就会往下掉，不会留在这上面了，要不然的话肯定会失重。

尼古拉Ⅱ：但是这船是铁做的，要重得多，所以它才会下沉。

马蒂亚斯Ⅱ：我们也可以这样想象：如果这里是船，这里是海底，那我就会认为，这里的水流过去，因为船这时候在水里是这样子的，压力就会使得水先流走，然后再流回来挤压船。

老师：但是当船没入水中时，水不只是流向旁边。

托马斯Ⅰ：水也会向下流，这样向下挤压，然后它也会像我说的柱子一样往上挤压。

罗比：如果我们不把水排开，水就是漂在水上的，因为这些水和其他的水都是一样重的。我们之前已经知道了一枚一芬尼硬币比水重，所以它会下沉，而木头比水轻，所以它会漂浮，因为它比水轻得多，也就在水里漂得更高。

伯恩哈德Ⅰ：当一艘船漂浮的时候，我们知道船是怎么漂浮的，那船和水肯定是一样重的。因为如果船再重一点，就会下沉。现在我明白了，船必须和之前漂浮在那里的水一样重，没错，它们必须一样重。

乌韦：如果船和之前在它这个位置的水一样重，那它们就是一样重，那就达到了一个平衡，船就会停在水上面。

马蒂亚斯Ⅱ：我是这么认为的，所以我们才需要船身的下半部分，所以下半部分不会全是铁块，而是会在里面建造一些房间，里面有很多空气，因为空气更轻，也需要空间，所以它不是很重。人们会尽可能多地在里面多建一些房间。

伯恩哈德Ⅰ：我在报纸上看到，船里并没有房间，而战舰里有导弹、发动机这些东西，但是它也能漂浮。

马蒂亚斯Ⅱ：但是里面也有空气。

伯恩哈德Ⅰ：但是船很大，排开了很多水。就算一整艘战舰很重，它也只能和它排开的水一样重。我曾经做过一个实验，我把一艘船做成全铁的，然后我找了一个盒子，这艘船刚好可以放到盒子里面，不对，应该说是铁块刚好可以放到盒子里，我把它放到水上，往盒子里装满水，盒子还一直留在水上。

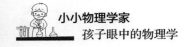

托马斯Ⅰ：如果我和这艘船一样大的话，那我肯定也能漂浮在水面上。

伯恩哈德Ⅰ：你确实会漂起来，因为你比水轻。你身体里有空气，如果你吸入很多空气的话，那你就会排开之前在你这个位置的很多水，而且你比水轻。

老师：有谁可以总结一下我们到目前为止的发现吗？

斯特凡Ⅱ：船肯定会将水挤到旁边去，而之前那个地方的水已经被挤走了。之前的水是漂浮在水上的，它能够漂浮只是因为它下面还有其他水，托马斯认为这是根柱子，跟柱子差不多，可以这么说吧。如果现在我们的船和之前这个位置上的水一样重的话，那它刚好可以漂起来，如果船再轻一点，那它可以漂得更高，但是它肯定会排开水。

伯恩哈德Ⅰ：我还想再补充一点，关于柱子……

托马斯Ⅰ：关于柱子……

伯恩哈德Ⅰ：关于柱子……罗比有些想法是错的，他说，托马斯说的是一根柱子。但是这根柱子只是水柱，有东西漂浮的地方就会有水柱，如果刚好没有风暴的话，它可以支撑上层的水，让它们一直在上面。上面的水就漂浮在这根柱子上，如果水被挤开了，那柱子就会支撑着船，所以说有东西漂浮的地方，就有这根柱子。

克劳斯·约亨：就是这个，一根水柱。

马蒂亚斯Ⅱ：如果现在水被挤走了，那么和它一样重的东西就可以过来占据它的位置。现在我也知道为什么树干会漂浮，因为它也排开了很多水，而一枚一芬尼硬币只排开了很少的水。树干更轻，因为它排开了很多水。

伯恩哈德Ⅰ：一艘船漂得越高就漂得越稳。我加入了一个船舶四人组，他们额外在这艘船下安装了这样的平面，好让这艘船尽可能高地漂浮在水上，但是下面必须有一个转动板，否则船会翻掉的。转动板比水重，所以它总是会往下沉，但是有两块铁板会保持船身不倾斜。

尼古拉Ⅰ：如果海底在这里，海平面在这里，船漂浮在这里，就无所谓船入水有多深，但是如果这艘船重达10吨，那它至少要排开10吨重的水，才能浮起来。

罗比：但是尼古拉Ⅰ刚才说的并不完全对。如果这艘船重达10吨，那么它底下的水一定要比它排开的水更重一点，否则船就不能露出水面，船最上面的边缘就会和海平面在一条直线上，船可能就很容易下沉。

尼古拉Ⅰ：我说的是"至少"，而且船一般都比它排开的水轻。

马蒂亚斯Ⅱ：如果海底在这里，海平面在这里，船在这里，那船就必须排开和它相同重量的水，如果船再轻一点，就可以更稳地漂在水上。如果船更重一点，那就要注意不要让它沉到水里去了。船里的空气使得船有很多空间，这样就可以排开很多水。但是如果船离海底很近的话，比如只有2厘米，那它还会浮起来吗？

伯恩哈德Ⅰ：肯定是会浮起来的，我之前读到过，汉堡的航道只有11米深，而船在水里的深度达到了10.80米。

老师：这是一个很难的问题。你们觉得呢？

马蒂亚斯Ⅰ：我觉得不能，因为下面的水太少了，比如说，10厘米深的水就抬不起一艘船了。

马丁：我觉得船可以浮起来。它肯定会排开很多水，只有被排开的水的多少才是最重要的，这些被排开的水之前也漂浮在底层少量水的上面，而现在取而代之的是船。

斯特凡Ⅱ：但是在这种情况下，螺旋桨就不能工作了。

老师：斯特凡Ⅱ的反驳肯定是对的，螺旋桨肯定不会安装在船的底部，但是马丁似乎说到了最重要的点上……

尼古拉Ⅰ：他说得对，因为被排开的水之前也没有下沉，现在取而代之的是船，它甚至可能更轻一点。

伯恩哈德Ⅰ：这些水都在船里，这艘船和水一样重。

托马斯Ⅱ：我曾经看过一张货船的照片。这里是海底，这里是货船，货船离海底有这么远。

斯特凡Ⅱ：它只载了一点点东西。如果它装了很多东西的话，它当然就会继续往水里陷，它变得更重了。啊，我明白了，它就会排开更多的水，这些被排开的水就会更重，可以承载更多重量。

1969年2月4日，第五节课：为复习已学知识进行的对话。

老师把一块用线拴住的石头慢慢放入水里，然后让学生们轮流把石头拉出来。

沃尔夫哈特：石头变轻了，真奇怪。

约尔格：我也发现了，真是太奇怪了。

罗比：现在我明白一点点了，石头也会排开水，但我还是不太懂。

维尔纳：当我们把它拉出来的时候，它会变重，当我们把它放进去的时候，它会变轻，我不知道……

伯恩哈德Ⅱ：马蒂亚斯Ⅱ没有力气，他不能把石头拉出来。

伯恩哈德Ⅰ：水比空气更浓厚，空气比水更稀薄，如果我们把石头放进水里，石头就会受到很多很多摩擦力，水更浓厚，石头就会停在更上面一点的地方，但是空气很稀薄，石头没有真正的支撑物，空气马上就会避开它，但是水不会这么快避开它。

托马斯Ⅰ：当我们把石头放在水上或者放进水里的时候，它就会挤压水，因为石头很大，将水排开，这时它就变轻了，就跟船一样，石头也会在水上漂浮一下，和之前在它这个地方的水一样。

斯特凡Ⅱ：伯恩哈德刚才说的话是对的，石头在水里受到更多的摩擦力，水承担着石头重量的很大一部分。

维尔纳：船也会排开水，也很重，尽管如此，它还是可以漂浮。

尼古拉Ⅰ：当石头浸入水里，石头周围的水就会上升，正如我们想的那样，因为它挤走了之前在它这个地方的水，就跟船一样。之前有水的地方现在变成了石头，所以石头也会浮在水上……但是它并不能一直漂浮，因为它太重了，也有可能是因为它排开的水太少。

斯特凡Ⅰ：因为这取决于是什么样的石头，有的石头更轻一点，有的更重。石头越轻，就越能漂起来。它不需要排走很多水，好让这些水挤压它。

托马斯Ⅱ：我们的房子在大洪水里也能漂起来，因为它是

191

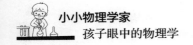

用很轻的材料造起来的，当它落入水中，就会排走大量的水，被排走的水很重，但是我们的房子却不重，所以也可能漂起来。

伯恩哈德Ⅰ：这是因为水比空气浓厚，水里的引力没有空气中的引力强，因为空气要稀薄得多。空气被挤到旁边去的速度快得多，空气也轻得多，但是水重得多，引力在水里就不是特别强，所以石头在水里就不是特别重。

斯特凡Ⅱ：这和船一模一样。之前我们发现了船会受到水的支撑，石头也是。石头被水支撑着，就和之前在石头这个地方的水一样。但是石头始终都是这么重，所以它会下沉，它一定会下沉，因为水的力气太小了。

托马斯Ⅰ：石头的下面不是平整的，可能是它根本不能漂起来的原因吧。

乌韦：船身底部也是尖的，这样它可以更轻松地前进。它也不需要完全保持竖直状态才能漂浮，周围到处都有水在挤压它。

斯特凡Ⅱ：这取决于被排开的水，被排开的水和想要漂浮在水上的物体是一样重的，然后这个物体就可以漂起来。但是如果物体再重一点的话，它就会下沉；如果再轻一点的话，就更容易露出水面漂起来。

伯恩哈德Ⅱ：石头现在就处在之前其他水在的位置，它也会漂起来一下，所以它也比较轻，因为水从下面给了它一点支撑。

老师：有些知识我想带大家再复习一下。如果我把一块漂浮着的木头从水里快速拿出来，我们可以观察到一些现象。

192

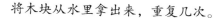

将木块从水里拿出来，重复几次。

托马斯Ⅱ：可以看到水立刻流过去的过程，因为那里现在又有位置了。木块之前所在的地方现在都是水。水不想有凹陷，马上就会流过去。

伯恩哈德Ⅱ：如果我们张开手掌拍打水面，水会溅出来，当我们把手拿开，水又会迅速合到一块去。

约尔格Ⅰ：红海里有法老和士兵❶的时候，水也会快速合到一起，他们都淹死了。水不想有凹陷，我们也只能在短时间内让它离开，如涨潮和退潮的时候、用手拍打的时候。

---

❶ 此处涉及"渡过红海"的故事，出自《圣经》出埃及记第14章，故事梗概为：上帝在埃及人身上降下第十场灾难之后，法老就下令让以色列人离开埃及。大约有六十万以色列男子离去，还有许多妇女和小孩子。此外，有一大群归信耶和华的异族人跟以色列人一同离去。他们把羊群、牛群也带走。以色列人离去之前，向埃及人索取衣服和金器银器。由于最后一场灾难令埃及人十分害怕，所以，无论以色列人要什么，埃及人都给了他们。几天之后，以色列人来到红海，在那里歇息一会儿。这时，法老和他的臣仆开始后悔让以色列人离去。他们说："我们放走了我们的奴隶！"于是法老再次改变心意，他迅速预备好战车和军队，带着600辆特制的战车和埃及其他所有的战车去追赶以色列人。以色列人看见法老和他的大军追上来，就十分害怕。他们已无路可走，红海在他们前面，埃及人从后面追上来。但耶和华使云柱停在他的百姓和埃及人之间。所以，埃及人没法看见以色列人，也不能攻击他们。然后，耶和华吩咐摩西向红海伸出杖来。他一伸出杖，耶和华就刮起一阵强劲的东风。海里的水分开了，水在两边直立起来。于是，以色列人从海中的干地上走过去。他们几百万人，带着牲畜安全地穿过红海到另一边去，要花好几小时才行。埃及人终于能够看见以色列人。他们的奴隶快要逃跑了！于是，他们急忙冲进红海里，要追赶以色列人。他们冲进红海之后，上帝使他们战车的轮子脱落。埃及人害怕起来，就大声呼喊说："耶和华正为以色列人争战。我们逃跑吧！"可是已经太迟了。耶和华吩咐摩西再次向红海伸出杖来。摩西照样做，水墙就恢复原状，把埃及人和他们的战车完全淹没。埃及全部军队都跟着以色列人走进海中。没有一个埃及人能逃脱！

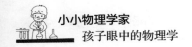

老师：真奇怪啊，橡皮泥上的凹陷会一直留在那里，但是水里的凹陷却不会。

斯特凡Ⅱ：水更容易流动，如果橡皮泥是热的，那它也会流动，如果橡皮泥像焦油一样流动的话，那它也不能保持凹陷状态了。而水里出现凹陷的时候，凹陷周围的边缘更高一点，中间的水就会产生吸力，又因为水会从上往下挤压，那么水肯定会从边缘落下去，流到中间，使中间的水变高，这是引力造成的，它对所有东西都产生相同的作用，它吸引着各个地方的水，让水变得均衡。

托马斯Ⅱ：较高处的水向下挤压，斯特凡说得对，这是地球引力造成的，水总是想保持相同的状态——不对，不能这么说，水就是这样流动着，以保持相同的样子。它想保持均衡，就跟水管差不多，也像霍伊贝格山❶上的高架水罐一样，很高很高，里面的水流动着，自己挤压着自己，独自向下挤压，然后水沿着墙壁的边边角角流入高楼里，流到每一层楼，但是楼层不能太高，水从多高的地方流下来，它就只能流到多高的楼层里去。

伯恩哈德Ⅰ：我之前说过，我们必须做一个实验，在一片湖的旁边挖洞，这些洞和湖之间只隔着薄薄的一堵墙。然后把一艘船从上往下放入湖水中，那么船所在位置的水肯定会流

---

❶ 霍伊贝格山，位于德国东南部，由巴伐利亚负责管辖，属于基姆高山脉的一部分，处于因河畔努斯多夫附近，海拔高度1338米。

走。水继续挤压，彼此之间变得更加紧密，因为水变多了，水的挤压就更强烈，那么湖外面的薄墙肯定会被挤垮。

马丁：我有个想法。如果我们把一艘船放到一个小盆子里，盆子边缘的水就会升高，这是因为船现在所在位置的水必须流向某个地方，而它只能往上流。橡皮泥也是这样，中间挤出凹陷的时候，周围的橡皮泥就会变高，但是橡皮泥不是特别容易自动滑下来，而水可以，水又会流回到凹陷当中。

托马斯 I：这就像是乌鸦的故事。乌鸦很渴，不停地将小石子扔进只装有一点点水的瓶子里。水能占据的空间越来越小，水面也就越来越高，一直升到瓶颈处，乌鸦就喝到了水。

老师：谢谢你们的仔细观察。我们再换用几个物体做一下这个实验。

实验：将玻璃、木块、石头浸入水里并取出，观察水的情况。

老师：请开始自由讨论。

尼古拉 I：我观察木块的时候发现了一些现象。当我们把木块从水里拿出来的时候，周围的水都流入凹陷中，四面八方的水都流过来，但是我觉得最快的是下面的水，它甚至冲出了水面，水面上下抖动，直至恢复平整。我以前还看到过人们拍摄一滴水的过程，就在水滴落入水中的一瞬间打开闪光灯快速捕捉画面。我们可以看到凹陷，看到凹陷消失的过程。水面上快速出现凹陷，凹陷又快速消失不见。

罗比：托马斯以前说过，这跟水管差不多，我可以把它画出来。我把这两个东西并排画在一起，这是水管，我把它画成一根弯曲的管子，而这边这个是水里的凹陷。现在我们可以说，我们必须看着水平面，因为水总是要保持相同的高度，我们之前用水管做过这个实验。凹陷周围的水继续上升，同时一直在挤压下面的水，而下面的水也在挤压上面的水，因为它受到了上面的水的挤压，这就产生了托马斯之前说的水柱。我们用底部戳孔的杯子做实验的时候就看到了水从下往上挤压的过程，当时水往上喷溅，但是喷溅高度也就和周围的水面差不多高。

斯特凡Ⅱ：是的，这就和水管一样——水总是想保持相同的状态。如果水在这上面，另一边的水很少，水多的地方就会挤压水少的地方。我把它画在黑板上，这里是高架水罐，连着一根水管，通向房子里的水龙头。人们特意把高架水罐放在很高的地方，这样它就会对下面的水进行挤压，然后水就能往高处走，流入房子里的水龙头，这是博伊尔老师教给我们的。因为高楼里面没有水泵，我们没有找到水泵。因为高架水罐在很高的地方，所以水是在压力的作用下流入高楼里的。而凹陷也是如此，船身边缘上的水向下挤压，把船拿走，下面的水马上涌上来，因为它们受到了凹陷边缘的水的挤压，而上面的水也会向下流，所以它与下面涌上去的水相互抵消。

伯恩哈德Ⅱ：水管和凹陷是一个道理，只不过水管是根铁管子，水管里的水从上往下挤压水面较低的地方，就和凹陷是一样的。

托马斯Ⅰ：这就是我说的水柱，它之所以会出现，是因为船边上的水很重，会挤压下面的水，而下面的水受到上面水的挤压，就想往上走，只有当船离开之后，下面的水才能跑到上面去，但是现在船正在水面上，那么下面的水就会向上挤压船，船就会漂起来，这一切最终都归功于上面的水。

老师：但是一艘船陷入水里越深，受到下面水的挤压肯定就越多，因为船边上的水变高了。

格奥尔格：确实是这样，如果一艘船装得特别满，那它在水里就陷得更深，下面的水就更用力挤压，那么即使是满载的船也可以漂起来。如果这样一艘船装满货物，就会下沉得越多，受到水的挤压也会越多。没错，就是这样，船边上的水变高了，这就会使更多的水向下挤压，那么下面也就会有更多的水向上挤压，如果船上有洞，水就会从这个洞里喷出来。

马丁：这很容易明白。水会从有洞的地方进来，任何地方的水，包括旁边的水，四面八方的水都会涌进来，就像我们之前把有洞的玻璃球按在水里一样。

罗比：伯恩哈德认为只有凹陷出现的时候，水才会从上往下挤压。我不这样认为，因为即使没有凹陷，水也会向下挤压，因为水受到地球的吸引。因为水从上往下挤压，所以下面的水同时也会从下往上挤压，因为水到了最底下之后无法往别的地方跑，只能往上跑。

老师：我觉得我们对此已经很了解了，现在我想给你们演示一个实验，你们可能会觉得很奇怪，因为这个现象似乎与我们目前已有的经验并不相符。

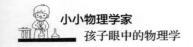
实验：我们在一个容器中放入一块磨得很光滑的木板，然后往容器中倒入水。木板停在水底下没有浮起来。过了大概一分钟，木板突然离开水底，向上漂浮。

尼古拉Ⅰ：水从木板中间穿过去了。

罗兰德：它停在下面……

斯特凡Ⅱ：但是它肯定会上来，它也的确浮起来了。

格奥尔格：水压住了底部的木板，有这么多水，木板浮不起来。

马蒂亚斯Ⅱ：不对，如果我们先倒水再放木板的话，木板不会停在水底下，我们必须实验一下，看看格奥尔格说的对不对。

实验：当我们把木板放入水底之后，木板没有停留在水底下。

伯恩哈德Ⅱ：这可真奇怪，木板一次停在水底下，另一次却没有，并且还不断上浮，可它是木板啊，蒂尔老师。

老师：没错。

伯恩哈德Ⅰ：是这样的，如果我把木板放到容器底部，它就完全平躺在那里，木板下面会有一点点空气，然后我往木板上面倒水，木板下面很干燥，但是它不会一直停留在水底下，水会流到木板下面，因为之前在这里的空气已经跑掉了，当整个容器里只有水的时候，木板就会上浮。

斯特凡Ⅰ：我看见了气泡，我觉得空气与此有关，可能就是空气帮助水使得木板浮了起来。

马丁：水浇到木板上的时候，水就会穿过木板，木板会变湿，就像一块腐烂的木头，然后木板会变重，留在水底下，因为水从上往下挤压。

维尔纳：但是水不会这么快就穿过木板，木板旁边也还有好多水呢。

托马斯：马丁说的肯定不对，因为最后木板还是浮起来了，要不然它肯定会待在水底下，反正是有什么东西在挤压它，只不过一开始没有。

约尔格Ⅱ：我觉得斯特凡说得对。您最开始放木板的时候，木板下面有空气，不可能把它完全紧贴在容器底部。当水倒进来的时候，空气并没有马上发觉到，不对，空气有点像粘在了木板下一样。当空气往上面跑的时候，水就会流进去，因为空气在上升，它就带着木板一起往上浮，就像游泳的时候，会有气泡漂浮在手臂的附近。

斯特凡Ⅱ：我可以把我想的画出来吗？我并不认为木板下面有空气，就算有也只有一点点，其他空气很快就往上跑掉了。可以这么说吧，这块木板就像是容器底的一部分，就好像长在了容器底部一样，我这么认为是因为木板下面没有空气和水。边上有一条小裂缝，水就从这里进去。水总是无孔不入的，如果我们掉进水里，它也会流向各个地方，流得很快，因为水的每个地方都在挤压。当然，它也会从旁边进行挤压，流进木板下，然后下面就会充满水。如果我们把木板放进去，木板会变轻，然后漂起来，但是要过一会儿才行，要等到木板下全是水的时候，到那个时候，木板就不是容器底的一部分了。

老师：现在我们说到了一个重要的点。斯特凡说，木板下的水会受到挤压。对于我们而言重要的一点就是要搞清楚这个木板下挤压水的压力是从哪来的。

马蒂亚斯Ⅱ：水总是朝着任何未被占据的空间流淌，因为木板上面还有很多很多水，然后水也会流到木板下面去，因为木板并没有紧紧贴在容器底部上。

乌韦：我觉得，水从上面流过来，很多水都漂浮着，挤压着容器底部，它也会往旁边挤压，就像船一样，就像凹陷一样，它往木板下挤压，它钻入木板下方，如果木板下没有空间的话，就不会有水柱。

老师：我把这整个过程在黑板上画一遍，我们把木板画得厚一点，把它放在容器底部上。我们思考一下，如果木板旁边没有水，只有木板上面有水的话会怎么样呢？

维尔纳：那木板就会留在下面不动，因为水从上面挤压它，木板会一直待在下面。

老师：那我们现在来思考一下木板旁边有水的情况。

尼古拉Ⅰ：这样的话，旁边的水就可以流进木板下面，但是需要时间。因为上面的水一直向下挤压，但是现在木板旁边的水已经流到了容器底部，而它不只是向下挤压，不是的，我们之前把有洞的玻璃球按在水里，水会从上面和下面喷进去。木板旁边的水也会挤进木板下面，然后木板就会浮起来，因为它渐渐远离容器的底部，变轻了。

罗比：现在我明白了，这和凹陷，还有水管是一样的，是这样的。渐渐地，木板下面也有水了，如果我们能联想到水管的话，会发现它和水管是一样的。上面的水挤压下面的水，上面的水从木板旁边绕过去，然后挤压木板下面的水，就这样木板上浮了。

伯恩哈德Ⅱ：这么简单？不对，不对，这不可能！首先，木板更轻，所以它会漂起来，另外，上面有水在向下挤压，所以木板并不会因为它更轻，也不会因为上升的空气在往上推，它就轻易地漂起来。

托马斯Ⅰ：罗比的想法我并不认同。

斯特凡Ⅱ：但是我们可以这么思考，我们必须这样思考。

大家（一筹莫展，低声细语）：我们讨论完了吗？

老师：让我给你们一点帮助可以吗？

罗比：但是只要一点点，稍微提示一下就好了，要不然就不好玩了。您已经知道是怎么一回事了，但是我们也可以自己弄明白。

老师（在画画）：请你们看一下水里的这块大木板，它下面有一些水。我们可以看到，木板上方也有很多水，水到达了它的上边缘，所以这一部分水肯定会向下挤压。但是木板旁边的水还会继续往下挤压容器底部，这就正如几位同学从我们的玻璃球实验中学到的那样，水还会往旁边，往下面，往上面，往各个方向进行挤压。请你们再回想一下我们之前用打了洞的杯子做的实验，在那个实验中，水是怎么从下往上进行挤压的。

格奥尔格：我不知道我说得对不对，但是蒂尔老师，您肯定知道，如果我说的是对的，那请您点点头。如果水向上挤压，就说明上面一定有东西，可能是一个玻璃球，也可能是一个打了洞的杯子，反正视具体情况而定。我认为，木板下面的水也会向上挤压，而且它已经在进行挤压了，只是木板上面也有水。

老师：请你们再仔细看一看，有多少水到达了木板上边缘，有多少水到达了木板下边缘？

伯恩哈德Ⅱ：您是要我说吗？我认为，到下边缘的水更多，它产生的挤压肯定也更多，上面也是如此，只不过产生的挤压要少一点，因为木板就在这中间。

约尔格Ⅰ：如果是这样的话，那压力肯定要绕过去，然后再绕一下。我来画一张图。当压力从旁边绕过来的时候，它就可以向上产生挤压。水会从上面产生挤压，但是从下面产生的挤压更多，然后木板就可以往上漂起来。

马丁：如果这是对的，那我就知道为什么开始的时候木板会停留在底下。那时候水只从上面产生挤压，木板旁边的水产生的压力使水流入木板下面，当木板下面有了水的时候，木板才开始受到下面的水产生的挤压。

尼古拉Ⅱ：现在我觉得我也明白了为什么一开始的时候木板停在下面。水从上面进行挤压，水落在木板上，牢牢固定住了木板，但是木板下面没有水，木板和容器底部挨得太近了，因为底部太平整了。当木板下面有了水的时候，它才能够漂浮起来。但是罗比说的有关水管的话也是对的，水也要绕个弯，然后这根"水管"就可以让木板浮起来。

斯特凡Ⅱ：汉堡港的油轮也是这样子的，油轮底部距离水底只有五厘米，这时油轮旁边的水会向下挤压这仅有5厘米深的水，但是油轮旁边所有水的重量都会向下产生挤压。

托马斯Ⅰ：这又说到了我说过的水柱，这个说法总是没错。因为上面有很多水进行挤压，所以就会出现水柱，就和水管一样，水也要绕个弯，就像约尔格和罗比认为的那样。罗比真是个聪明鬼，他想的没错。

格奥尔格：如果我们用一块完全不透水的木板，可以想得更清楚。木板上面的水，正对着木板产生挤压，但是木板旁边也有水，它甚至会把水挤进木板下面，木板下面的水更多了，它就会往上产生更多的挤压，然后木板就漂起来了。

大家（一起欢呼）：我们已经搞清楚了！

老师：那我现在要来检查一下你们是不是完全理解了这是怎么一回事。我们把石头放进水里之后，它变轻了，那么石头越是往下沉，肯定就会越轻，因为在它下沉的过程中，它旁边的水也越来越多。石头越往下沉，下面的水产生的压力就越大。

斯特凡Ⅰ：如果是一块石头的话，石头比水重，它会变轻，这是我们已经看到了的，但是一块木板，它更轻，轻得可以浮出水面，而石头只会变轻，但还是会下沉，它之所以变轻，是因为水从下面对它产生了挤压，因为石头上面的水跑到

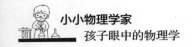

了它的下边缘，水受到挤压从旁边绕到了下面，这就和凹陷，还有水管一样，可以这样想象。

乌韦：但是蒂尔老师，我知道为什么石头没有像他们认为的那样变轻。正对着石头上面的水也变得越来越多，但还是没有从石头旁边绕到石头下面的水多。没错，就是这样的。

罗比：就是这两者之间的差距使石头变轻的。水从上面产生挤压，旁边的水也会产生挤压，继续向下挤压，那么水也会从下往上产生更多的挤压，这其实就相当于一根能产生挤压的水管。和凹陷一样，水会从下面往上流，产生挤压，因为凹陷边缘的水更高，并且对下产生挤压。

老师：那我们又说回了凹陷。水从下面产生的压力支撑着船，使水里的石头变轻，而这一压力的产生是因为上面的水对下面的水产生挤压，而最下面的水已经位于底部，不能再跑去别的地方，所以只能向上挤压。一块石头在水里越往下沉，那么它的下底面受到的压力就越大。石头上方受到的压力也会变大，但还是要小过下底面受到的压力，因为石头上面的水没有流向石头下底面的水多，这两者之间的差距让石头变得更轻。

沃尔夫冈·福斯特
暗箱

"一个黑暗的房间只通过百叶窗上的一个小开口与一个被阳光照亮的房间相连，在这个黑暗的房间里，百叶窗开口正对着一面白墙，房间外部物体的彩色倒置透视图像就会出现在这面白墙上，这一现象给每个第一次看到它的人都会留下十分不可思议的印象。"

约阿希姆（很兴奋）：（太阳）把他的影子投射到银幕上，我们可以看到他在干什么。

吕迪格：针孔摄影机。

老师：我们来看一看。

吕迪格：针孔摄影机。

约阿希姆：没错！

吕迪格：暗箱。

老师：你们能看到什么东西吗？

某个学生：可以！

斯特凡：可以，不可思议啊！

彼得：那里有个洞哎。

（大笑）

吕迪格：我认为这个东西叫作暗箱。

老师：啊哈！

彼得：那我们就能看到他有多笨了！

（大笑）

老师：没错，你们要他做什么，就大声告诉他，他肯定可以听到。

马克：帕特里克，动一下你的左腿！把它抬起来！

斯特凡：帕特里克，把你的左腿抬起来！

帕特里克（在外面）：什么？

斯特凡：把你的左腿抬起来！

老师：等一下，我们把这里的窗户打开，他可以听得更清楚。

斯特凡（同时）：没错。

彼得：没错。

吕迪格：哈！好！

彼得：现在把你的右腿抬起来。（吕迪格：好！）往前，你个笨蛋！

马克：抬起来！

帕特里克：往前。

（当大家看到时，全班大笑，鼓掌。）

吕迪格：鼓掌呀！好哇！

老师：那或许你们可以简单描述一下你们看到的东西吗？

约阿希姆：你看到一辆吊车了吗？

帕特里克：看到了！

彼得：它到底在哪呢？给我指出来！

吕迪格：没错！（开心地笑）非常好！

斯特凡：我们看到你了！

吕迪格：没错！

帕特里克：我知道，从这里（从外面指着这个洞）看到的！

吕迪格：通过暗箱看到的！（笑）

彼得（鄙夷）：天哪！真笨啊！

吕迪格：怎么了？它就叫这个名字！

约阿希姆（兴奋）：这是个……这就是一块玻璃而已，上面有个洞。

吕迪格：那当然了！

老师：嗯……

马克：这里面很暖和。

老师：嗯……

约阿希姆：就是它在起作用，太阳通过这个洞把帕特里克投射到墙上。

所有同学：是的。

老师：啊哈！

斯特凡（赞美）：难以置信！

老师：嗯……

约阿希姆：太阳在帕特里克的前面，而帕特里克站在这个洞的前面（几名学生：没错！确实如此！）太阳就通过这个洞

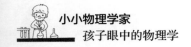

把他的影像投射出来。

马克：呃……帕特里克！

吕迪格：和照相机一模一样，就是一模一样的！

马克（若有所思）：你说一下……

斯特凡：别说了。

彼得：你挠一下手臂！

马克：你看一下手表！（赞美的语气）很好！

彼得：打你自己一个耳光！（帕特里克迟疑地笑了。）

对，下手不要太狠了！

（所有人都在笑他们看到的影像。）

老师：有谁想去替换一下帕特里克吗？

几名学生：我！我！

老师：好，彼得！

马克（失望）：我！

吕迪格：帕特里克，你可以走了，彼得来了！

斯特凡：彼得，你把眼镜取下来！

老师：好了，等一下。

吕迪格：好的！

斯特凡：你把眼镜戴上吧，要不然你什么都看不到了。

约阿希姆（向帕特里克解释）：原理是这样的：彼得站在这个洞前面，太阳把……太阳照在他身上，把他的影像投进来！

吕迪格：就跟照相机一样！

约阿希姆：没错！

马克：这太不可思议了！这是您自己做的吗？

老师（肯定的语气）：嗯……帕特里克，你可以看到什么东西吗？

帕特里克：嗯……

马克：你可以看见彼得吗？

帕特里克：嗯，可以看见。

马克：你可以看到它周围的东西吗？

帕特里克：什么？

马克：你可以看到它周围的东西吗？你可以看到那把黄色的椅子吗？

（几名学生同时在说话）

马克：好吧，彼得，你把背弓起来！

彼得（在外面）：什么？

斯特凡：弓起背！

约阿希姆：弓起背！

吕迪格：没错，啊，很好！这个东西太棒了！

马克：嗯，那当然了！怎么会不棒呢！福斯特老师做的东西，太神奇了！

斯特凡：当然了！

马克：啊！把你右脚上的凉鞋脱下来！（又重复说了一遍）或者是你的运动鞋！

（安雅——一位女生进来了）

帕特里克（悄悄向她解释）：看啊，这边是一面银幕，彼

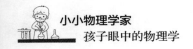

得就站在那外面。

约阿希姆：他是倒过来站的！

安雅：我之前说，请您给我们放一部电影！

老师：好。现在安雅必须先得等一会儿，等她的眼睛适应这个黑暗的环境。

斯特凡（对安雅说）：你跟他说点什么。

马克（同时开口）：你可以看见彼得吗？

斯特凡：让他做点什么。

安雅：可以看见！他在那里！

约阿希姆：让他做点什么呢？

斯特凡：再喊得大声一点！

约阿希姆：让他做点什么呢？

帕特里克（趁安雅还在犹豫的时候提建议）：让他拉住自己的手臂。

斯特凡：不要。（笑）他现在就在做这个，他正拉着他的……

马克（大喊）：做十次深蹲！

彼得（在外面）：等一下。（笑，一边呻吟一遍做深蹲。）

帕特里克（笑）：嗯。看他的样子！

（所有人都在笑。）

帕特里克：还有呢！还有八个没做！

彼得（不回答，大喊）：你们继续说！

马克：我刚才说的是做十个深蹲！

彼得：我已经做过了！

所有同学：但是你只做了两个！

彼得（大声数数）：三，四（一直数到十），现在我都做完了！

马克：福斯特老师，可以换我了吗？

老师：嗯，马克，可以换你了，去吧！

斯特凡：彼得，你可以进来了。

（换人的过程中，学生们把手放在这个洞的前面。）

斯特凡：哦，我的大拇指，它变红了！

吕迪格：嗯，是光的原因。

约阿希姆：光透过手指照了进来。

老师（回到教室）：安雅，你也看到了吗？

安雅：看到了。

老师：很好！

帕特里克：把你的手表摘下来！

（所有人都在观察。）

吕迪格：把你的帽子拿在手里！

斯特凡：再把你的手表戴上！

约阿希姆：扯你自己的头发！（笑着重复了一遍。）

吕迪格：很好！

帕特里克：学狗叫！

马克（在外面）：汪汪！汪汪！

（所有人都在笑。）

这份记录表（有删减）重现了某次课堂实验开头的情景，

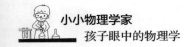

在这次实验中，老师采纳了马丁·瓦根舍因的建议，将一台可进入式大型暗箱用作课堂引入教具，用作通往光学世界的遗传式教学途径。

在一个大型暗箱中，产生了一种令每个观察者，无论是儿童、青少年还是成年人，都印象深刻的现象。

这是因为影像的大小和逼真度已经非常令人惊讶，再加上影像的形态令人震惊（有时甚至会令孩子们感到不安）：他们体验到的熟悉的外部世界完全被颠倒了。当外部世界处于运动状态时，尤其令他们感到不安。

当孩子们认识到暗箱构造的简易程度时，他们的惊讶程度持续上升：

"学生们在墙上看到了邻近街道，甚至是公园里随风舞动的树木的移动彩色影像，令他们不解的是，这些影像都是颠倒过来的，都来自学生们所能想到的最简单的东西：一个空空的小洞。"

中世纪时期，对这一现象的理解使得人们对光有了深刻的新认识。人们意识到，光是以直线传播的，被光击中的物体会根据其自身形状和性质重新发出光，成为二次光源，从而被人看见。人们甚至开始对光的性质进行猜想，因为影像信息在暗箱孔中相互交叉却又不相互影响。

一门新的科学诞生了，那就是光学，它以光线的基本概念为研究基础，这门科学就体现了暗箱的特殊历史意义。

暗箱的特殊教学意义就在于，它的使用是以一种新方式为孩子们描述知识。在某种程度上可以这么说，在暗箱里，老师可以和孩子们一起探寻和体验光学诞生之初最原始的场景。然而，只有重新制订自然科学的教学目标，暗箱教学才有意义。

如果继续采用目前占主导地位的演示教学法，主要目的是在一堂具有系统化结构的课程中尽快向孩子们传授一门科学现有的成果，那么就没什么必要花大价钱制造一台大型暗箱并长期使用它。孩子们可以在几分钟内获取与暗箱相关的知识（如果我们不急着告诉他们这些知识就是定理的话）。

但马丁·瓦根舍因竭力提醒大家注意这种教学方式的后果。例如，在上述情况下，学生的活动主要局限于被动接收信息，这会导致一种后果，也就是为了促使学生合作，必须给予他们更多的人为动机或次要动机。

另外，重要的一点是，上述教学方式不能保证学生能够真正地理解快速呈现在他们面前的一连串信息。举一个马丁·瓦根舍因的例子，现在许多青少年（也包括成年人）虽然都知道地球围绕太阳运动，但他们并不是真正相信这一点，因为他们的直接经验似乎与此相悖：他们是学过一些知识，但是并没有理解它。

因此，马丁·瓦根舍因提出了遗传式教学法，其出发点是儿童天生、主动的好奇行为，以及他们相信自己有能力从根本上理解自然现象，而不需要任何基础知识或辅助工具。

本小节开头的课堂记录表也许可以阐明这种遗传式教学法的一些特点。

在整个教学过程中，我们都可以感受到暗箱对学生的吸引

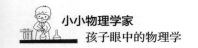
力。他们充满了好奇，马上开始研究这一奇怪的现象。在这种情况下，学生们不需要特殊的、次要的动机，事情和现象本身就可以为他们提供足够的动机。

学生们观察暗箱的构造（"那里有个洞哎"），试着进行解释（"太阳将他的影子投射到银幕上"）并进行类比（"就像照相机一样"），有学生甚至知道暗箱的德语和拉丁语名称。然而，有趣的是，这种已有的基础知识并没有受到重视，甚至没有受到同学们的特别赞赏。对他们来说，重要的是切身体验现象；令老师惊讶的是，学生们都是用自己的特殊方式去体验现象。

学生们通过一系列的游戏来测试暗箱的功能，在这些游戏中，他们向站在外面的同学发出动作指令，并激动地在暗箱中观察他们的指令执行情况。各种情景和动作都会经过多次演练和修改。新的想法不断涌现，而学生们几乎都过于认真，他们坚持要准确执行这些想法。例如，有一个学生必须完成大家要求他做的十个深蹲，不管他愿不愿意。学生们热情高涨，就连与光学无关的指令（"学狗叫"）也出现在游戏中。

同时，作为遗传式教学法的另一个特点，有一种特殊的教师行为在教学过程中变得很明显：教师是教学过程的参与者。教师的目的不在于快速得出结论，而在于让学生们靠自己的方式去理解，所以教师可以给，也会给学生们属于他们自己的活动空间。进入到教学的下一环节时，如果涉及对观察现象进行解释，教师将和学生一起思考，但教师事先不会提供任何信息，而是为学生的认知过程"筑堤"。教师的指导仅限于让学生对自己的认知过程进行反思，并使之结构化，教师的指导方式一般是先记录下学生的观点和说法，然后问学生：这可能是正确的吗？其他人对此有何看法？如何验证这一点？我们已经知道了什么？什么是我们还不知道的？

此次课堂实验的其他部分就不在此详细重述了，但最后需要简单讲述一下学生认知过程的一个部分，即他们对完全颠倒的影像的理解。

第一个做出假设的是一位女生，她说她看了一部电影。通过观察，这一点很容易被推翻，因为实验过程中没有用到电影播放机。

另一个学生认为，太阳通过孔洞将站在外面的人的影像投射到屏幕上，可能就跟剪影一样。但他的同学指出，银幕上的影像是颠倒过来的，但影子却不是这样的。

对暗箱构造进行仔细研究后，学生们注意到，在暗箱前面有一扇双层玻璃窗，几乎所有人都认为这是使图像发生颠倒的原因。这个假设很奇怪，因为如果玻璃有颠倒图像的作用，那么第二块玻璃肯定就会抵消第一块玻璃的作用。然而，学生们并没有意识到这一点，他们借用这个很明显的特点来解释图像颠倒的现象。在拆除了一块玻璃之后，他们发现这一假设并不正确。

随后，学生们列举了一些他们认为与暗箱相类似的光学设备，如照相机、望远镜，并且对"反射"这一概念、对镜子和凹面镜进行了相关的讨论。大家一起验证这些类比的正确性，但它们中的绝大部分都没有出现在讨论中，因为他们手里没有这些设备，无法进行研究。

因此，他们的认知过程在这个时候就到达了某种停滞状态，或者说是"冰点"。学生们认识到他们最初的猜测，尤其是他们已有的基础知识并不能帮助他们，这就导致他们产生无助和无奈的情绪，这一点从一个学生几乎绝望的感叹中可以看出来："……不管怎样，这一定是一种物理规律。"

然而，这种认知过程的"冰点"也包含了一个极具创造性的时刻，因为老师现在只让学生们注意具体的现象，对它们进行观察和思考，这有可能让他们立马顿悟。

最后，学生们发现在天花板可以看到暗箱前面的石地板，老师借此时机引导他们进行理解。

马克（信服的语气）：但是光线肯定也会向上传播，否则我们就看不到地板。

老师：没错！

（所有人都在兴奋地讨论。）

约阿希姆：光线也会传向地板，然后又往回传播，并且从下射入洞里。

（几乎所有人都举手想发言。）

吕迪格：也可能是阳光照射到地板上，地板向上反射光线，穿过小孔，然后光线又到了上面。我们在上面看到了它！

老师：我们到底该怎么解释，如果帕特里克现在站在外面，怎么解释我们在银幕上看到了他倒过来的影像？

（所有人都想发言。）

约阿希姆：因为光线在进来之前，先照射到了帕特里克身上，然后又照射到地板上，接下来才通过小孔被反射进来。

斯特凡：而且是颠倒着射进来的！

约阿希姆：当光线……光线把头（老师：嗯哼），光线在头旁边，光线把头反射到下面，通过这个洞反射到下面（老师：嗯哼）。光线也会反射他的脚，之前是射到下面，现在又往上面射了。

吕迪格：完全正确！

老师：没错。

约阿希姆：然后光线把脚反射到上面！

斯特凡：没错。当太阳在这里的时候，光线就和马克的头一起向下走（老师：嗯哼），而从脚那里射出来的光线，射向地板，然后和脚一起向上投射到银幕上。

高度精简后的记录表的节选部分可以证明，这种最初的、大概的理解可以随着教学的进行得到深入。如果学生多次参与遗传式的教学过程，那么人们往往可以观察到他们会形成一种新的自我意识。他们不再只是简单地接受周围提供给他们的信息并对此感到满足，而是将目光转向这些信息背后的现象和过程，并试图理解它们。

因此，笔者赞同马丁·瓦根舍因先生提出的要求，应该利用遗传性课程中不断重复的部分弥补演示性课程的不足，其首

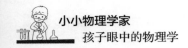

要目的是让学生成长。

起码应该让每个学生都至少有几次机会可以从根本上去理解自然现象，让每个老师都能有几次机会参与到儿童的认知过程中去，也许其中的某一次就要用到大型暗箱。

经位于巴特海尔布伦的尤利乌斯–克林克哈特出版社许可，转载自赫伯特·弗·鲍尔，瓦尔特·克恩莱茵（发行人）的《问题领域自然与技术——关于小学教学法的研究文本》。

马丁·瓦根舍因的
自然科学教学法